T0208243

Wie Gedanken unser Wohlbefinden beeinflussen

Weitere experimentelle Streifzüge in die Psychologie mit Lebenspraxisbezug:

Serge Ciccotti, Hundepsychologie, ISBN 978-3-8274-2795-3

Serge Ciccotti, 150 psychologische Aha-Experimente,
ISBN 978-3-8274-2843-1

Sylvain Delouvée, Warum verhalten wir uns manchmal merk-
würdig und unlogisch?, ISBN 978-3-8274-3033-5

Gustave-Nicolas Fischer/Virginie Dodeler, Wie Gedanken unser
Wohlbefinden beeinflussen, ISBN 978-3-8274-3045-8

Alain Lieury, Ein Gedächtnis wie ein Elefant?,
ISBN 978-3-8274-3043-4

Jordi Quoidbach, Glückliche Menschen leben länger,
ISBN 978-3-8274-2856-1

Gustave-Nicolas Fischer
Virginie Dodeler

Wie Gedanken unser Wohlbefinden beeinflussen

Auswirkungen der Psyche auf die Gesundheit

Aus dem Französischen übersetzt von Jutta Bretthauer

 Springer Spektrum

Gustave-Nicolas Fischer
Université de Metz, France

Virginie Dodeler
Université Rennes 2, France

ISBN 978-3-8274-3045-8   ISBN 978-3-8274-3046-5 (eBook)
DOI 10.1007/978-3-8274-3046-5

Die Deutsche Nationalbibliothek verzeichnet diese Publikation in der Deutschen Nationalbibliografie; detaillierte bibliografische Daten sind im Internet über http://dnb.d-nb.de abrufbar.

Springer Spektrum
Übersetzung der französischen Ausgabe: *Pourquoi votre tête soigne-t-elle votre corps* von Gustave-Nicolas Fischer und Virginie Dodeler, erschienen bei Dunod Éditeur S. A. Paris, © Dunod, Paris, 2011.

Planung und Lektorat: Marion Krämer, Bettina Saglio
Redaktion: Dipl. Psych. Renate Neuer
Einbandabbildung: Laurent Audouin
Einbandentwurf: wsp design Werbeagentur GmbH, Heidelberg

Gedruckt auf säurefreiem und chlorfrei gebleichtem Papier

Springer Spektrum ist eine Marke von Springer DE. Springer DE ist Teil der Fachverlagsgruppe Springer Science+Business Media.
www.springer-spektrum.de

Inhalt

Einleitung

„Hauptsache, man ist gesund!" Ist von Gesundheit die Rede, fühlt sich jeder angesprochen. Man denkt sofort an sein körperliches Befinden, daran, ob es einem gut geht und ob man sich wohl fühlt in seiner Haut.

Seit einigen Jahren nun bringen wissenschaftliche Untersuchungen aus dem Bereich der Psychologie, die der breiten Öffentlichkeit noch wenig bekannt sind, ganz neue Aspekte der Gesundheit ans Licht: Sie ist nämlich weit mehr, als nur die Tatsache, sich fit zu fühlen, seinen Körper zu pflegen und jung bleiben zu wollen. Gesundheit bedeutet auch, im Einklang mit sich und mit den anderen zu leben. Bereits die Mediziner und die Dichter der Antike hatten festgestellt, dass sich Gesundheit vor allem in einem Zustand der Harmonie von Körper und Geist äußert, und deshalb schrieb der Dichter Juvenal Ende des ersten Jahrhunderts n. Chr.: „Beten sollte man darum, dass in einem gesunden Körper ein gesunder Geist sei". (*Mens sana in corpore sano,* Juvenal, Satiren).

Heute zeigt die neue Fachrichtung der Gesundheitspsychologie auch, dass psychosoziale Aspekte sowohl für den Erhalt unserer Gesundheit als auch für den Ausbruch und den Verlauf von Krankheiten sowie für die Art und Weise, wie wir mit ihnen umgehen, eine wichtige Rolle spielen. Gesundheit ist also keineswegs nur eine Frage der Zellen und der Gene.

In diesem Buch möchten wir dem Leser etliche wissenschaftliche Untersuchungen vorstellen, die sich unter dem Blickwinkel der Psychologie mit den wichtigsten Facetten der Gesundheit befassen. Wir haben uns dafür entschieden, diese Forschungsarbeiten in folgende Themenbereiche zu untergliedern: 1) Gesundheit im Alltag; 2) Zufriedenheit mit dem eigenen Körper; 3) Verhalten und Gesundheit; 4) Umwelt und Gesundheit; 5) Umgang mit Schmerz; 6) Placeboeffekt; 7) Risikofaktoren und Prävention; 8) Umgang mit Krankheit und 9) soziale Unterstützung.

Die meisten dieser wissenschaftlichen Arbeiten wurden in englischen oder amerikanischen Fachzeitschriften veröffentlicht, zu denen die große Öffentlichkeit nicht unbedingt Zugang hat. Deshalb stellen wir sie hier auf gut lesbare und verständliche Art vor. Sie liefern Ihnen Basisinformationen, die zwar weder vollständig noch umfassend sind, aber wichtige Aspekte der Gesundheit hervorheben. Sie dienen also in erster Linie einem pädagogischen Zweck: Wir möchten eine große Leserschaft mit interessanten und seriösen Untersuchungen aus dem Bereich der Gesundheitspsychologie bekannt machen, und das auf ernsthafte, zugleich aber vergnügliche Weise.

Bei der Lektüre dieses Buches wird sich Ihre Vorstellung von Gesundheit mit Sicherheit verändern, und Sie werden vielleicht besser verstehen, dass Gesundheit zwar unser höchstes Gut ist, dass wir aber für ihren Erhalt auch etwas tun müssen. Eine gesunde Lebensführung ist wichtig, aber wir müssen auch unsere psychischen Kräfte mobilisieren, um all den Fährnissen unseres Lebens begegnen zu können. In diesem Buch finden Sie die richtigen Antworten auf die Frage, wie man am besten fit bleibt und seine Gesundheit stärkt.

1

Gesundheit im Alltag

Inhalt

1 Sag mal, Papa, was bedeutet eigentlich „gesund sein"?

Unsere Vorstellungen von Gesundheit

Wenn Sie Kinder haben, dann wissen Sie, dass sie in einem gewissen Alter ständig Fragen stellen wie „Sag mal, Mama, wie kommen eigentlich die Babys auf die Welt?", „Sag mal, Papa, warum können Vögel fliegen und ich nicht?" usw. Und wenn Ihre Kinder fernsehen, hören sie immer wieder Werbebotschaften, in denen es heißt, man müsse sich bewegen, um gesund zu bleiben oder der Gesundheit zuliebe „fünf Portionen Obst und Gemüse täglich" essen, und dergleichen mehr. Und eines Tages fragt Ihr Sprössling Sie dann möglicherweise: „Sag mal, Papa, was bedeutet eigentlich ‚gesund sein?'" Was antworten Sie ihm darauf? Was bedeutet es denn für Sie, „gesund zu sein"?

Die meisten von uns wollen gesund sein, doch es ist gar nicht so klar, wie Gesundheit eigentlich zu definieren ist: Jeder hat seine eigene Vorstellung davon, was es für ihn bedeutet, „gesund zu sein". In verschiedenen psychologischen Studien wurde deshalb versucht, diese unterschiedlichen Vorstellungen von „Gesundheit" zu erfassen.

Aufgrund von Interviews gelangte C. Herzlich (1969) zu dem Schluss, dass es drei verschiedene Auffassungen gibt. Demnach wird Gesundheit erstens als Ausdruck der Widerstandskraft des Körpers gegen Krankheiten verstanden, zweitens als ein positiver Zustand des Wohlbefindens oder drittens als die Abwesenheit von Krankheit. Die Forscherin stellte fest, dass Gesundheit als ein innerer Zustand des Einzelnen betrachtet wird, wohingegen Krankheit als eine von außen in den Körper eindringende Aggression empfunden wird.

In einer anderen Studie bat M. Blaxter (1990) 9.000 Personen, einen Menschen zu beschreiben, der sich ihrer Meinung nach guter Gesundheit erfreute, und anzugeben, worauf sie ihre Behauptung stützten. Aus dieser Umfrage ging hervor, dass sich Gesundheit nach Ansicht vieler vor allem in Wohlbefinden und in einer gesunden Lebensführung äußert. Gesund zu sein, bedeutet für die meisten, körperlich fit, vital und kräftig und nicht von den anderen isoliert zu sein.

Fragt man medizinische Laien, was es für sie bedeutet, gesund zu sein, so zeigt sich, wie wir aus anderen Untersuchungen wissen, dass ihrer Überzeugung nach auch noch viele weitere Dinge eine wichtige Rolle spielen. So bringen sie Gesundheit beispielsweise mit solchen Aspekten in Verbindung wie Glück, Reichtum und Erfolg.

Ein Wissenschaftler (Lau, 1995) bat junge Erwachsene zu beschreiben, was sie unter Gesundheit verstanden. Die Antworten ließen sich fünf verschiedenen Typen zuordnen:
* Gesundheit bedeutet, in guter körperlicher Verfassung und voller Energie zu sein;
* Gesundheit bedeutet, glücklich zu sein und sich seelisch wohl zu fühlen;
* Gesundheit bedeutet, sich zu entspannen und gut zu schlafen;
* Gesundheit bedeutet, länger zu leben;
* Gesundheit bedeutet, keine gesundheitlichen Probleme zu haben und nicht krank zu sein.

Lau fragte die Probanden auch, was sie unter „krank sein" verstanden und erhielt darauf ebenfalls vier unterschiedliche Antworttypen:
* krank sein bedeutet, sich nicht im Normalzustand zu befinden;
* krank sein bedeutet, körperliche oder psychische Symptome des Unwohlseins zu verspüren;

* krank sein bedeutet, seinen normalen Tätigkeiten nicht mehr nachgehen zu können;
* krank sein bedeutet, für eine gewisse Zeit vom normalen Leben abgeschnitten zu sein.

Die meisten Befragten in dieser Studie verstanden unter Gesundheit den Normalzustand, von dem ausgehend sie Krankheit definierten. Außerdem stellte Lau fest, dass die meisten Menschen eine sehr differenzierte Vorstellung von Gesundheit hatten, denn ihr Bild beschränkte sich nicht auf organische und körperliche Faktoren, sondern es flossen auch alle anderen, vor allem seelische Aspekte mit ein, die zum Wohlfühlen und zu einem angenehmen Leben beitragen. Wie sagt man in so einem Fall doch so schön? Hauptsache, man bleibt gesund!

Fazit

Sagt jemand von sich, er sei gesund, so meint er damit nicht nur seinen augenblicklichen körperlichen Zustand, sondern auch all das, was seiner Überzeugung nach zu einem Zustand des körperlichen, geistigen, seelischen und sozialen Wohlbefindens dazu gehört. Wenn die Menschen also der Gesundheit so große Bedeutung beimessen, so drücken sie damit implizit aus, dass ihnen viel daran liegt, gut zu leben.

2 Warum ist es besser, das Glas halb voll zu sehen als halb leer?

Optimismus und seine Auswirkung auf die Gesundheit

Angesichts des uns umgebenden Pessimismus und der manchmal wenig erfreulichen Ereignisse, mit denen wir konfrontiert werden, offeriert uns die Werbung häufig Wundermittel, die uns dazu verhelfen sollen, unser Wohlbefinden und die Freude am Leben wieder zu finden. Dabei reicht es manchmal schon aus, das Leben ein wenig rosiger zu betrachten als wir es normalerweise tun, und schon fühlen wir uns wohler. Aber wirkt sich Optimismus wirklich positiv auf die Gesundheit aus?

Heute wissen wir aufgrund wissenschaftlicher Untersuchungen, dass Optimismus tatsächlich äußerst wichtig ist, denn er hat positive Auswirkungen auf unser Herz!

> In einer Studie, in der 545 Männer im Alter von 64 bis 84 Jahren über einen Zeitraum von 15 Jahren begleitet wurden, ging es genau um diese Frage (Giltay, 2006). Der Wissenschaftler stellte den Teilnehmern unter anderem folgende Fragen: „Haben Sie den Eindruck, dass das Leben Ihnen noch viel zu bieten hat?", oder „Gibt es noch viele Ziele, die Sie erreichen wollen?" Es zeigte sich, dass das Risiko von Herz-Kreislauf-Erkrankungen für Optimisten nur halb so groß war wie für Pessimisten. Und eine optimistische Grundeinstellung hält sich außerdem voraussichtlich bis ins Alter hinein.

Frühere Untersuchungen desselben Forscherteams hatten bereits darauf hingedeutet, dass Optimismus der Gesundheit allgemein zuträglich ist und dass er insbesondere die Gefahr senkt, an einer Herzkrankheit zu sterben. Außerdem hilft eine positive Grundeinstellung Patienten mit Herzproblemen, besser mit ihrer Situation umzugehen. Optimismus hat also letztendlich nur Vorteile für die Gesundheit.

> Dieses Ergebnis wurde auch in einer Studie an über fünfzigjährigen Frauen bestätigt: Optimistische Frauen haben ein gesünderes Herz und eine höhere Lebenserwartung als pessimistische (Tindle u.a., 2009). Die Forscher begleiteten 97.253 Frauen über einen Zeitraum von acht Jahren und baten sie, regelmäßig kleinere Fragebögen auszufüllen, mit denen ihr Grad an Optimismus eingeschätzt werden sollte.

Parallel dazu wurde ihr Gesundheitszustand erfasst. Es zeigte sich, dass das Mortalitätsrisiko (alle Ursachen zusammen genommen) bei den optimistischen Teilnehmerinnen um 14 Prozent geringer lag als bei den pessimistischen.

So lag das Mortalitätsrisiko bei zynischen und abweisenden Frauen um 16 Prozent höher als bei jenen, die anderen Menschen vertrauensvoll begegneten. Außerdem besaßen Cholerikerinnen ein um 23 Prozent höheres Risiko, an Krebs zu erkranken, und das Mortalitätsrisiko optimistischer Frauen lag um 29 Prozent niedriger. In dieser Studie wurde auch beobachtet, dass die optimistischen Teilnehmerinnen seltener unter Bluthochdruck und Diabetes litten und dass sie weniger rauchten als ihre pessimistischen Geschlechtsgenossinnen. All das aber sind Faktoren, die häufig Herz-Kreislauf-Erkrankungen zur Folge haben. Das erklärt auch, warum optimistische Frauen in geringerem Maß gefährdet sind, an solchen Krankheiten zu sterben.

Aus diesen Daten ging klar hervor, dass es einen Zusammenhang zwischen Optimismus und dem Risiko einer Herz-Kreislauf-Erkrankung gibt, und sie bestätigten, dass eine optimistische Grundeinstellung unserem Herzen gut tut.

Nach Ansicht der Verfasser gibt es mehrere Erklärungen für diese positive Wirkung von Optimismus auf die Gesundheit. Zum einen führen Optimisten ein gesünderes Leben, ihre Risikofaktoren sind geringer, sie ernähren sich besser, treiben mehr Sport und rauchen weniger. Außerdem befolgen sie in der Regel die Anweisungen ihres Arztes und halten folglich auch Diätvorschriften ein. Und schließlich wirken sich möglicherweise auch ihr Lebensstil, ihr Selbstbild und ihre Weltanschauung auf ihre Gesundheit aus. Das wäre erneut ein Hinweis darauf, dass zwischen Körper und Geist eine Verbindung besteht, und dass es für die Gesundheit ausgesprochen wichtig ist, die positive Seite der Dinge zu sehen.

Fazit

Aus diesen wissenschaftlichen Studien darf man aber nicht übereilt den Schluss ziehen, dass ein Optimist immer gut durch das Leben kommt, doch sie zeigen, dass Optimismus eine wichtige Rolle für unsere Gesundheit spielt. Dem Herzen tut er gut, und er beeinflusst auch die Lebensqualität. Diese Forschungsarbeiten verdeutlichen auch, wie wichtig die Verbindung von Körper und Seele ist. Wer positiv denkt und sich nicht über alles aufregt, wer mit sich im Reinen ist, der fühlt sich vermutlich auch in seinem Körper wohl.

Deshalb ist Optimismus eine Lebenseinstellung, die wir anstreben sollten, denn sie nützt unserer Gesundheit und verlängert das Leben. Die größte amerikanische Vereinigung von Menschen über fünfzig Jahren (www.aarp.org) hat die Ergebnisse einer weiteren Studie veröffentlicht, an der 500 Erwachsene im Alter von 60 bis 98 Jahren teilnahmen. Auch diese Untersuchung beweist, dass Optimismus effektiv dazu beiträgt, sich dem Leben zu stellen, und dass er uns mehr noch als die körperliche Gesundheit dabei hilft, auf gute Weise alt zu werden.

3 Wussten Sie, dass Sex gut für die Gesundheit ist?

Sex und seine Auswirkung auf die Gesundheit

Was hat die Liebe mit Ihrer Gesundheit zu tun?

Einer Studie des INSEE (2007) zufolge leben verheiratete Menschen länger als ledige, geschiedene oder verwitwete. Für Männer einer bestimmten Altersgruppe, beispielsweise Fünfzigjährige, bedeutet das, dass ein verheirateter Mann durchschnittlich fünf Jahre länger lebt als ein Witwer. „Die Liebe stärkt die Persönlichkeit und stellt einen Anreiz dar, leben zu wollen. Wer liebt, tut mehr für die eigene Gesundheit", so lautet die Schlussfolgerung dieser Studie.

Am wichtigsten für die Gesundheit ist aber nicht das Verheiratetsein an sich, sondern die Tatsache, in einer liebevollen Paarbeziehung zu leben und Geschlechtsverkehr zu pflegen. Beides wirkt sich offensichtlich sehr positiv aus.

Aus einer der zahlreichen Studien zum Thema Liebe und Gesundheit, die Ornish (1998) in einem Buch zusammengestellt hat, ging hervor, dass von zehntausend verheirateten Männern mit hohen Risikofaktoren, wie Bluthochdruck, Diabetes und zu hohem Cholesterinspiegel, diejenigen, die sich von ihrer Frau geliebt fühlten, weniger an Angina Pectoris-Beschwerden litten, als andere, die meinten, ihre Frau liebe sie nicht.

Seit vielen Jahren befassen sich unterschiedliche Studien mit den Auswirkungen der Liebe auf die Gesundheit, und immer wieder zeigt sich, dass Zärtlichkeiten unter der Bettdecke der Gesundheit tatsächlich zuträglich sind! Diese Studien betonen, dass regelmäßiger Sex im Allgemeinen zu den Faktoren zählt, die die Lebenserwartung erhöhen. So konnten schwedische Forscher beispielsweise beobachten, dass die Mortalitätsrate bei siebzigjährigen Männern höher lag als beim Durchschnitt, wenn sie seit mehreren Jahren keinen Geschlechtsverkehr mehr hatten.

Eine britische Studie, bei der 918 Männer im Alter von 45 bis 59 Jahren über einen Zeitraum von vier Jahren begleitet wurden, ergab, dass in dieser Zeit die Mortalitätsrate der Männer, die mindestens zweimal wöchentlich Geschlechtsverkehr hatten, nur halb so hoch lag wie die derjenigen, die weniger als einmal im Monat mit einer Frau zusammen waren (Smith et al., 1997).

Eine andere Untersuchung mit ähnlicher Zielsetzung hat gezeigt, wie sich die sexuelle Beziehung auf Stresssituationen auswirkt (Brody, 2006). Über eine Zeitungsanzeige wurden 22 Männer und 24 Frauen gefunden, die sich bereit erklärten, an einer Studie über die Auswirkung von hoch dosiertem Vitamin C auf Stress teilzunehmen. Interessant für die Untersuchung waren in Wirklichkeit aber nur die Personen der Kontrollgruppe, die überhaupt kein Vitamin C erhielten. Sie wurden gebeten, zwei Wochen lang ihr Geschlechtsleben genau zu protokollieren: Penetration, Masturbation oder andere Liebes- und Sexualpraktiken. Um die Verlässlichkeit der Angaben zu bewerten, verwendete Brody die Lügenskala des Persönlichkeitsinventars von Eysenck. Damit konnte er verfälschte Angaben ausschließen. Den Versuchspersonen wurde im Gespräch mitgeteilt, dass sie einen öffentlichen Vortrag über ihre Arbeit vor Personen halten sollten, die diesen Vortrag anschließend bewerten würden. Danach sollte ein Test im Kopfrechnen folgen. Diese Versuchssituation war geeignet, einen ausreichend hohen Stresslevel zu erzeugen, der sich daran messen ließ, wie sehr während des Experiments der arterielle Blutdruck der Probanden anstieg und wie rasch er hinterher wieder auf Normalwerte absank. Die Ergebnisse sind interessant: Die Versuchspersonen, die angegeben hatten, Geschlechtsverkehr mit Penetration gehabt zu haben, erwiesen sich als weniger gestresst als jene, die andere bzw. gar keine sexuellen Erlebnisse zu Protokoll gegeben hatten. Dieser Studie zufolge hingen die positiven Auswirkungen nicht mit Persönlichkeitsmerkmalen der Probanden oder mit Variablen wie Alter, Anzahl der Partner oder der persönlichen Entfaltung zusammen, sondern einzig und allein mit der Tatsache, dass sie Geschlechtsverkehr hatten. Sex ist demnach nicht nur gut für die Gesundheit, sondern zudem ein Antistressmittel in allen Lebenslagen.

Der therapeutische Effekt sexueller Beziehungen auf die Gesundheit wurde auch in anderen Studien beobachtet, in denen der Zustand des Immunsystems untersucht wurde. Dazu maß man die Werte des Immunglobulins A (IgA), eines Antikörpers, der bei Erkrankungen wie Erkältung oder anderen Infekten aktiv wird, die eine Reaktion des Immunsystems auslösen. Ein- oder zweimal Geschlechtsverkehr wöchentlich stärkt offenbar das Immunsystem.

Um herauszufinden, ob sexuelle Beziehungen die Immunglobulinwerte verändern können, baten Wissenschaftler von der Universität Pennsylvania (Charnetsky & Brennan, 2004) 111 freiwillige Versuchspersonen (44 Männer und 67 Frauen) anzugeben, wie häufig sie im Monat sexuelle Beziehungen hatten: überhaupt nicht, mindestens einmal wöchentlich, ein- oder zweimal die Woche, dreimal oder häufiger pro Woche. Danach wurden von jedem Probanden Speichelproben genommen, um die Immunglobulinwerte zu messen, also die erste Abwehrreaktion des Körpers gegen Antigene. Die Forscher fragten die Versuchsteilnehmer auch nach der Dauer ihrer sexuellen Beziehungen und nach dem Grad ihrer Befriedigung.

Es zeigte sich, dass die Immunglobulinwerte bei denjenigen, die mindestens einmal wöchentlich Geschlechtsverkehr praktiziert hatten, leicht höher lagen als bei jenen, die keinen sexuellen Kontakt gehabt hatten. Bei den Probanden dagegen, die ein- oder zweimal pro Woche Geschlechtsverkehr gepflegt hatten, lagen die Werte für das Immunglobulin A um 30 Prozent höher als bei den beiden erstgenannten Gruppen. Diejenigen allerdings, die über häufigere sexuelle Beziehungen berichtet hatten (dreimal oder öfter in der Woche) wiesen niedrigere Werte auf als jene, die enthaltsam gelebt hatten. Zudem fielen die Werte für Immunglobulin A umso höher aus, je länger und befriedigender die sexuellen Kontakte gewesen waren.

Sex stärkt also offensichtlich unser Immunsystem ganz erheblich, denn er besitzt zwei wichtige Vorteile: er bereitet Vergnügen und er entspannt. Doch das ist noch nicht alles: Sex beugt möglicherweise sogar dem Ausbruch bestimmter Krebserkrankungen vor.

Aus einer in Japan an 100 Männern über einen Zeitraum von drei Jahren durchgeführten Studie (Prostata, 1990) ging hervor, dass es das Risiko senkt, an einem Prostatakarzinom zu erkranken, wenn Männer regelmäßig Geschlechtsverkehr haben. Gleichzeitig beobachteten die

Wissenschaftler allerdings auch einen Anstieg der Gefährdung, wenn die Männer im Alter zwischen dreißig und fünfzig Jahren sehr häufig sexuell aktiv waren.

Diese unterschiedlichen Studien weisen allgemein darauf hin, dass sich häufiger Geschlechtsverkehr tatsächlich positiv auf die Gesundheit auswirkt.

Fazit

Gegen die Sorgen und den Ärger im Alltag verfügen wir alle über ein einfaches und wirksames Mittel, das zudem nichts kostet: die Liebe. Sex ist gut für die Gesundheit, das geht aus allen Studien zu diesem Thema hervor. Und fast alle Untersuchungen unterstreichen die zahlreichen positiven Begleiterscheinungen: eine längere Lebenserwartung, Vorbeugung gegen Krankheit und sogar gegen Krebs. Warum also kümmern wir uns nicht einmal auf angenehme Weise um unsere Gesundheit?

4 Macht uns Mozarts Musik intelligenter?

Musik und ihre Auswirkung auf die kognitive Leistungsfähigkeit

Musik nimmt im Leben eines jeden Menschen einen mehr oder weniger hohen Stellenwert ein. Manche Musik liebt man, andere hingegen nicht. Musik gefällt uns besonders, weil sie schön ist. Schöne Musik zu hören, tut gut!

Studien haben aber auch gezeigt, dass Musik noch andere Auswirkungen haben kann.

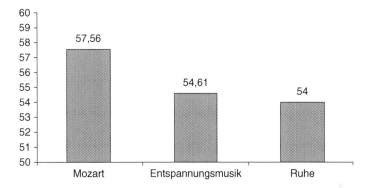

Abb. 1.1 Erzielte Werte bei der Bewältigung der Aufgaben unter den drei verschiedenen Versuchsbedingungen.

Forscher der Universität von Kalifornien in Irvine (Rauscher et al., 1993) haben untersucht, wie sich Musik auf die kognitive Leistungsfähigkeit auswirkt. Dabei interessierten sie sich insbesondere für die Musik Mozarts. Die 36 Versuchspersonen wurden drei verschiedenen Versuchssituationen ausgesetzt:

* die erste Gruppe hörte den ersten Satz der Sonate für zwei Klaviere in D-Dur von Wolfgang Amadeus Mozart,
* der zweiten Gruppe wurde ein entspannendes Musikstück vorgespielt: *The Shining One* von Thorton
* und die dritte Gruppe bekam überhaupt keine Musik zu hören, es blieb still im Raum.

Anschließend wurden die Probanden gebeten, zwei Aufgaben zu lösen, die kognitive Fähigkeiten erforderten, und eine, bei der räumliches Vorstellungsvermögen gefordert war. Die erste Aufgabe bestand darin, die logische Verbindung zwischen einer Reihe von Begriffen zu erkennen (*patterns analysis test*). Ziel der zweiten war es, den Zusammenhang zwischen zwei Elementen herzustellen, wie beispielsweise einem Blatt und einem Baum (*multiple choice matrix test*). Die räumliche Aufgabe verlangte von den Teilnehmern, Papier zu falten oder auszuschneiden und verschiedene Strukturen nachzubilden (*paper folding and cuttlering test*).

Die Versuchspersonen, die der Mozartsonate gelauscht hatten, erzielten in allen drei Aufgaben bessere Ergebnisse, und auf der Intelligenzquotientenskala erreichten sie Werte, die um acht bis neun Punkte höher lagen als die der beiden anderen Gruppen.

Dieses Experiment wurde unter der Bezeichnung „Mozart-Effekt" bekannt. Der Begriff wurde aber eigentlich bereits in den 1950er Jahren von Tomatis geprägt, der festgestellt hatte, dass Mozarts Musik sehr viele hohe Frequenzen enthält, die den Organismus positiv beeinflussen. Besonders stimulierend wirken sich diese Frequenzen auf die kognitiven Fähigkeiten von Kleinkindern unter drei Jahren aus.

Seitdem haben sich Wissenschaftler immer wieder für Musik begeistert, und weitere Studien konnten belegen, dass sie nicht nur unsere kognitiven Fähigkeiten positiv beeinflusst, sondern unsere Gesundheit ganz allgemein.

5 Warum geht uns bei unserer Lieblingsmusik das Herz auf?

Musik und ihre Auswirkung auf das Herz-Kreislauf-System

Wahrscheinlich haben auch Sie schon einmal dieses wohlige Schauern gespürt, das einem beim Anhören einer Lieblingsmelodie erfasst. Die Wissenschaftler sprechen dann von einem „musikalischen Erschauern" und haben entdeckt, dass das Hören von Musik, die einem gefällt, der Gesundheit nützt, und zwar ganz besonders dem Herz-Kreislauf-System.

Wissenschaftler von der medizinischen Fakultät der Universität Maryland hatten bereits früher aufzeigen können, dass Lachen Herzpatienten gut tut. Nun haben sie auch festgestellt, dass es sich positiv auf die Gesundheit auswirkt, seiner Lieblingsmusik zu lauschen. Zu diesem Ergebnis gelangte das Team um den Kardiologen Dr. Miller.

An der Untersuchung (Miller et. al., 2008) nahm eine Gruppe von zehn Personen teil. Das Experiment bestand aus vier jeweils dreißigminütigen Phasen, in denen die Versuchspersonen nacheinander

* eine Musik zu hören bekamen, die ihnen gefiel und die ein Glücksgefühl auslöste;
* eine Musik anhören mussten, die Stress auslöste und sie unruhig machte;
* Entspannungsmusik vorgespielt bekamen;
* lustige Filme anschauten, die sie zum Lachen brachten.

In jeder dieser Situationen wurde bei den Probanden die Weite der Blutgefäße gemessen, denn man vermutete, dass sich das Anhören unterschiedlicher Musik möglicherweise auf den Zustand der Gefäße auswirkte. Die Ergebnisse bestätigten diese Hypothese auf signifikante Weise (Abbildung 1.2):

* lauschten die Versuchspersonen ihrer Lieblingsmusik, weiteten sich ihre Gefäße um 26 Prozent;
* sahen sie lustige Videos, weiteten sie sich um 19 Prozent;
* beim Hören von Entspannungsmusik weiteten sie sich um 11 Prozent;
* aber bei Musik, die als Stress auslösend empfunden wurde, verengten sich die Blutgefäße um 6 Prozent.

Angesichts dieser Resultate räumte Dr. Miller ein, nicht erwartet zu haben, dass die Unterschiede so groß ausfallen würden: „Es hat mich beeindruckt festzustellen, dass es einen so großen Unterschied ausmacht, ob wir Musik hören, die uns gefällt oder solche, die wir als stressig empfinden." (Miller et. al., 2008). Das beliebteste Musikgenre in der hier untersuchten Gruppe war übrigens Countrymusik.

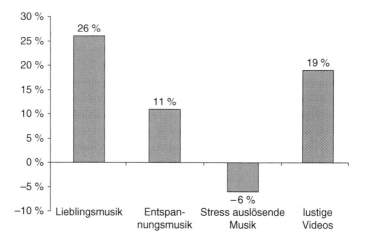

Abb. 1.2   Weitung der Blutgefäße (in Prozent).

Wie ist es zu erklären, dass Musik eine so starke Wirkung zeigt? Nach Ansicht Millers hätte man bei anderen Versuchspersonen mit anderen Musikformen die gleichen Ergebnisse erzielen können. Offensichtlich löst also Musik, die uns gefällt, wohltuende Empfindungen aus. Es sind nämlich vor allem die durch die Musik hervorgerufenen Gefühle und nicht so sehr die Musik an sich, die für eine „entspannende" Wirkung auf die Blutgefäße sorgen, denn diese Gefühle setzen Endorphine frei, jene Botenstoffe des Gehirns, die eine „Verbindung von Geist und Körper" herstellen. Dr. Miller schloss daraus, dass „sich diese Ergebnisse für Vorsorgemaßnahmen nutzen lassen, die uns im Alltag dabei helfen können, die Gesundheit unseres Herzens zu fördern".

Musik besitzt demnach eine wohltuende Wirkung, weil sie Regionen im Gehirn stimuliert, in denen Endorphine und Dopamin freigesetzt werden. Und diese Stimulation fällt umso größer aus, je besser die Musik dem Hörer gefällt.

6 Warum sollten Sie sich vorzugsweise links neben den Mann setzen, den Sie verführen möchten?

Asymmetrie des Gesichts und Gesundheit

Haben Sie schon einmal festgestellt, dass Ihr Gesicht nicht vollkommen symmetrisch ist? Nehmen Sie einfach zwei identische Fotos von sich, schneiden sie in der Mitte durch und setzen dann in einer Fotomontage jeweils zwei rechte und zwei linke Hälften zusammen. Sie werden feststellen, dass sich beide Bilder leicht von ihrem wahren Gesicht unterscheiden. Und ich wette, eines der beiden gefällt Ihnen besser! Die Asymmetrie des menschlichen Gesichts und ihre Auswirkung darauf, ob die Person als gesund wahrgenommen wird, war Gegenstand mehrerer Untersuchungen.

Zu diesem Zweck verwendeten Reis und Zaidel (2001) Fotos von männlichen und weiblichen Gesichtern, die zuvor bearbeitet wurden. Jedes Bild wurde so durchgeschnitten, dass man eine linke und eine rechte Hälfte erhielt. Danach spiegelte man jeweils die eine Hälfte und setzte sie mit der Originalhälfte zusammen, um vollkommen symmetrische Gesichter zu erhalten. Aus jedem Ursprungsfoto wurden also zwei neue: Das eine bestand aus zwei rechten, das andere aus zwei linken Hälften. Insgesamt verwendeten die Forscher für ihre Studie 38 Gesichterpaare von Personen im Alter von 18 bis 26 Jahren (21 Frauen und 17 Männer).

Anschließend wurden die Gesichterpaare 24 Versuchspersonen auf einem Computerbildschirm gezeigt (12 Männern und 12 Frauen). Bei den Versuchspersonen handelte es sich ausnahmslos um Rechtshänder. Die Reihenfolge, in der die Bilder erschienen, war ausgewogen, das Gleiche traf für ihre Position auf dem Bildschirm zu. Die Probanden sollten nun angeben, welches Gesicht ihrer Meinung nach gesünder

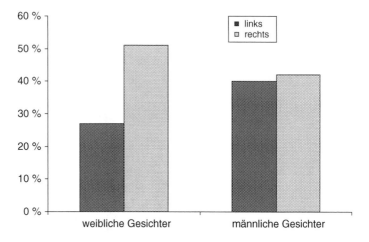

Abb. 1.3   Gesünder empfundene Gesichter (in Prozent).

aussah. Es standen ihnen drei Antworten zur Verfügung: „rechtes Gesicht" (aus zwei rechten Gesichtshälften bestehend), „linkes Gesicht" (bestehend aus zwei linken Gesichtshälften) oder „gleich", wenn sie meinten, es gebe keinen Unterschied.

Die Ergebnisse (Abbildung 1.3) zeigen eindeutig, dass die Probanden bei der Beurteilung eines weiblichen Gesichts vorzugsweise dasjenige wählten, das aus zwei rechten Hälften zusammengesetzt war. Das heißt, im Allgemeinen meinten sie, das rechte Gesicht sähe gesünder aus als das linke. Bei der Einschätzung von Männergesichtern hingegen ergab sich kein signifikanter Unterschied.

Die Wissenschaftler wollten auch in Erfahrung bringen, ob die Antworten möglicherweise durch das Geschlecht der Probanden beeinflusst wurden. Deshalb trennten sie die Antworten der Männer von denen der Frauen, konnten jedoch keinen signifikanten Unterschied feststellen. Sowohl Männer als auch Frauen entschieden sich vorzugsweise für das rechte Gesicht, wenn sie ein weibliches Gesicht beurteilten, wiesen aber keine signifikante Präferenz auf, wenn es sich um ein männliches Gesicht handelte.

In einem zweiten Durchgang wollten die Wissenschaftler die Ergebnisse mit denen einer früheren Untersuchung vergleichen. Die Vorgehensweise und die verwendeten Gesichter blieben gleich, nur sollten die Versuchspersonen dieses Mal angeben, welches der beiden symmetrischen Gesichter ihnen attraktiver erschien. Wie erwartet, fielen die Ergebnisse beider Untersuchungen statistisch völlig gleich aus. In einem früheren Versuch hatten die Wissenschaftler nämlich bereits festgestellt, dass ein aus zwei rechten Hälften zusammengesetztes Gesicht als attraktiver beurteilt wird als eines, das aus zwei linken Hälften besteht. Bei Männergesichtern hingegen hatte die Zusammensetzung keine signifikante Rolle gespielt (Zaidel et al., 1995).

Offensichtlich wird also die Asymmetrie bei männlichen und weiblichen Gesichtern unterschiedlich wahrgenommen.

Fazit

Abschließend zogen die Forscher eine Parallele zur Biologie und zu der Theorie, dass für Tiere die Attraktivität eines Partners eng mit der Wahrnehmung seines Gesundheitszustandes verknüpft ist, denn die Gesundheit garantiert das Überleben der Spezies: Ein gesundes Tier hat bessere Aussichten, einen Geschlechtspartner zu finden und damit eine größere Wahrscheinlichkeit sich fortzupflanzen. Angesichts ihrer Versuchsergebnisse sind Reis und Zaidel (2001) der Ansicht, dieses Prinzip sei auch auf die menschliche Rasse übertragbar. Denn ein aus zwei rechten Hälften zusammengesetztes weibliches Gesicht wird nicht nur als gesünder empfunden, sondern auch als attraktiver, als eines, das aus zwei linken Hälften besteht.

Jetzt, da Sie die Ergebnisse dieser Studie kennen, meine Damen, sollten Sie also stets darauf achten, sich links neben den Herrn zu setzen, den sie verführen möchten, denn auf diese Weise kann er ihr rechtes Profil bewundern, das er attraktiver findet und das ihm gesünder erscheint.

7 Warum ist ein geiziger Milliardär weniger glücklich als ein großherziger Habenichts – oder: macht Geld glücklich?

Großzügigkeit und ihre Auswirkung auf Glück und Gesundheit

„Geld macht nicht glücklich", sagt das Sprichwort. Die Reichsten sind nicht unbedingt die glücklichsten Menschen. Aber könnte es nicht sein, dass Geld dennoch Glück bedeutet? Ja, vorausgesetzt, man gibt es nicht für sich selbst, sondern für andere aus. Zu diesem Schluss gelangen jedenfalls etliche wissenschaftliche Studien.

Elizabeth Dunn, die in Vancouver Psychologie lehrt, hat eine Reihe genauer Untersuchungen durchgeführt, die ergaben, dass sich nicht nur der Mensch glücklich fühlt, der in den Genuss von Großzügigkeit gelangt, sondern auch derjenige, der sein Geld für andere ausgibt. In vielen Studien wurde analysiert, wie es sich auswirkt, wenn wir unser Geld für unsere ganz persönlichen Zwecke verwenden. Elizabeth Dunns Arbeit lässt jedoch vermuten, dass es das eigene Glück noch viel positiver beeinflusst, wenn wir mit unserem Geld anderen eine Freude bereiten. Zu den irritierenden Erkenntnissen dieser Arbeit gehörte, dass Menschen ihr Geld oft für Dinge ausgeben, die dem Glück eher abträglich sind, weil sie meinen, Glück sei käuflich wie eine Ware. Häufig verwenden sie ihre Mittel nämlich für Zwecke, die lediglich bewirken, dass ihre Gedanken anschließend noch mehr ums Geld kreisen. Damit untergraben sie ironischerweise die angebliche Macht des Geldes, ihnen zu mehr Glück zu verhelfen. Allein das Bewusstsein, Geld zu besitzen, senkt die Wahrscheinlichkeit, dass man seinen Freunden hilft, Geld für wohltätige Zwecke spendet oder seine Zeit den Mitmenschen widmet. Dies jedoch sind Verhaltensweisen, die eng mit dem Glück in Zusammenhang gebracht werden. Gleichzeitig kann Geld aber auch ein wichtiges Mittel für die Umsetzung sozial förderlicher Ziele sein. Wird das Geld für solche Zwecke verwendet, d.h. gibt man es lieber für andere aus als für sich selbst, so kann das messbare Auswirkungen auf das eigene Glück haben.

Zu diesem Zweck haben Dunn und ihre Kollegen (2008) an einer großen Population von Versuchspersonen drei Versuche durchgeführt, um festzustellen, ob sich die Betreffenden glücklicher fühlten, nachdem sie mehr Geld für sich selbst als für andere ausgegeben hatten.

Die erste Untersuchung wurde an einer repräsentativen Stichprobe von 632 Amerikanern durchgeführt, davon 55 Prozent Frauen, um festzustellen, wie glücklich sich die Personen tendenziell fühlten. Dazu fragte man nach ihrem Jahreseinkommen sowie ihren laufenden Kosten, nach den Dingen, die sie sich persönlich leisteten, Geschenken, die sie anderen bereiteten, und nach der Höhe ihrer Spenden für wohltätige Zwecke. Die Probanden wurden gebeten, auf einer Skala von eins bis fünf anzugeben, wie zufrieden sie sich jeweils fühlten, nachdem sie ihr Geld für die oben genannten Zwecke ausgegeben hatten. Es zeigte sich, dass die Art und Weise, wie die Menschen ihr Geld verwenden, ebenso wichtig ist wie die Menge, die sie besitzen. Außerdem macht es definitiv glücklicher, sein Geld für andere auszugeben und nicht für sich selbst.

An der zweiten Studie nahmen Angestellte eines Versicherungsunternehmens teil, die am Ende des Jahres eine Prämie in Höhe von 3.000 bis 8.000 Dollar erhalten hatten. Ziel der Untersuchung war es zu messen, ob die Angestellten nach Erhalt der Prämie glücklicher waren, wenn sie das Geld nicht nur für sich, sondern vor allem für andere ausgegeben hatten. Sechs bis acht Wochen nach der Auszahlung der Prämie gaben die Angestellten an, wie viel Prozent des Geldes sie für persönliche Rechnungen, für die Miete und Ratenzahlungen, für persönliche Anschaffungen, Geschenke für andere und für wohltätige Zwecke ausgegeben hatten. Aus den Antworten ging klar hervor, dass sich jene, die einen Teil ihrer Prämie für prosoziale Zwecke verwendet hatten, glücklicher fühlten. Die Art und Weise, wie sie ihr Geld ausgegeben hatten, war ein stärkerer Indikator für ihr Glück als die Prämie an sich. Diese Studie ergab, dass der Glückskoeffizient derjenigen, die ein Drittel ihres Geldes für humanitäre oder soziale Zwecke eingesetzt hatten, um 20 Prozent höher lag als bei denen, die alles für sich behalten oder für persönliche Belange ausgegeben hatten.

Das dritte Experiment wurde mit kanadischen Studenten durchgeführt. Ihnen hatte man morgens einen Umschlag mit entweder fünf oder zwanzig Dollar darin ausgehändigt zusammen mit der Anweisung, das Geld bis um fünf Uhr nachmittags auszugeben. Die Hälfte der Gruppe wurde aufgefordert, dieses Geld für persönliche Dinge zu verwenden, etwa zur Begleichung von Rechnungen oder um sich selbst eine Freude zu bereiten. Die andere Hälfte sollte mit dem Geld entweder ein Geschenk für einen anderen kaufen oder es für wohltätige Zwecke spenden. Diese Studie ergab ein noch deutlicheres Ergebnis: Die Studenten, die ihr Geld für andere ausgegeben hatten, fühlten sich ganz eindeutig glücklicher.

Parallel zu dieser Art von Untersuchung wollten andere Wissenschaftler herausfinden, ob sich möglicherweise ganz allgemein die Tatsache, andere zu unterstützen und ihnen zu helfen, auf die eigene Gesundheit auswirkt.

In einer Studie des Institute for Social Research der Universität von Michigan in Ann Arbor begleiteten Stephanie Brown und ihre Mitarbeiter (2003) über fünf Jahre hinweg 423 Ehepaare, die einem anderen Menschen behilflich waren oder ihn materiell unterstützten, selbst wenn dies nur einmal im Jahr geschah. Die Art der Dienst- oder Hilfeleistung reichte von der Unterstützung entfernter Familienangehöriger bis hin zum Babysitten. Für ihre Großzügigkeit erhielten die Betreffenden keinerlei finanzielle Entschädigung. Zur Hilfsbereitschaft zählte für die Forscher auch die liebevolle Zuwendung unter Ehepartnern. Und schließlich füllten die Teilnehmer an dieser Studie noch einen Fragebogen zu ihrer Lebensweise aus. Es zeigte sich, dass diejenigen, die anderen Hilfe leisteten, gesünder waren und ein um 40 bis 60 Prozent geringeres Mortalitätsrisiko aufwiesen als diejenigen, die angaben, im zurückliegenden Jahr niemandem geholfen zu haben.

Hilfsbereitschaft hat also auch etwas mit Gesundheit zu tun. Ja, aus dieser Studie ging sogar hervor, dass sie einen Schlüsselfaktor darstellt. Stephanie Brown betont, dass es positive Gefühle erzeugt, anderen etwas zu geben. Das bestätigt auch Shelley Taylor, die an der Universität von Kalifornien in Los Angelos Psychologie lehrt. In ihrem Buch *The Tending Instinct* (2003) schreibt sie: „Durch Hilfe für andere lässt sich angestauter Stress abbauen, und das wirkt sich positiv auf die Psyche aus, weil Hilfsbereitschaft dem Leben einen Sinn verleiht."

Fazit

Geld kann also doch glücklich machen und sogar unserer Gesundheit förderlich sein! Vorausgesetzt allerdings, man gibt es anderen! Geben verschafft nicht nur das Gefühl, nützlich zu sein, sondern löst auch Zufriedenheit aus und wird damit zu einer Quelle wahren Glücks. In unseren Zeiten übermäßigen Konsums, in denen jeder nur an sich denkt, ist es sowohl unter psychologischen als auch sozialen Gesichtspunkten eine hoffnungsvolle Erkenntnis, dass es glücklicher macht, mit seinem Geld anderen Freude zu bereiten und nicht nur sich selbst.

8 Warum hat Lucky Luke das Rauchen aufgegeben?

Einfluss der Medien auf den Tabakkonsum

Seit einigen Jahren zählt der Kampf gegen das Rauchen zu den vordringlichsten Anliegen des öffentlichen Gesundheitswesens. Mit Maßnahmen, wie dem Verbot der Zigarettenwerbung, der Anhebung der Tabakpreise und dem Rauchverbot in öffentlichen Räumen, versucht man, dem Rauchen entgegen zu wirken.

1983 tauschte deshalb Lucky Luke seine Zigarette gegen einen Grashalm aus, und der Zeichner Morris wurde 1988 dafür von der Weltgesundheitsorganisation im Rahmen des Weltnichtrauchertages ausgezeichnet, weil man der Meinung war, er sei hier mit gutem Beispiel vorangegangen. Dahinter stand der Gedanke, dass Kinder und Jugendliche zum Rauchen verführt werden könnten, wenn eine Comicfigur oder ein Schauspieler im Film raucht. Das haben mehrere Studien mit Jugendlichen auch belegt: Enthält ein Film Szenen, in denen die Protagonisten rauchen, verstärkt das bei Jugendlichen eine positive Einstellung zur Zigarette und löst das Bedürfnis aus, selbst eine zu rauchen.

Ist aber ein ähnliches Verhalten auch bei Rauchern zu beobachten? Neigen sie dazu, mehr zu rauchen, wenn sie sehen, dass ein anderer raucht? Das jedenfalls hat ein Wissenschaftlerteam am Beispiel junger Erwachsener bewiesen.

Shmueli et al. (2010) wollten in einer Untersuchung aufzeigen, wie stark der Tabakkonsum von Rauchern ansteigt, nachdem diese in einem Film Personen rauchen sahen. Sie baten 100 Versuchspersonen (55 Männer und 45 Frauen), alles Raucher im Alter zwischen 18 und 25 Jahren, sich einen achtminütigen Film anzusehen, in dem einmal

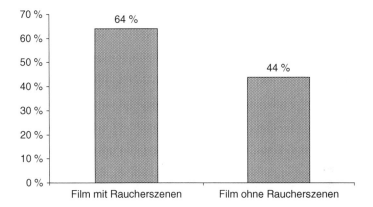

Abb. 1.4 Probanden, die in der Pause rauchten (in Prozent).

Raucherszenen vorkamen (Versuchsgruppe), ein anderes Mal nicht (Kontrollgruppe). Es handelte sich dabei um einen Zusammenschnitt von Szenen aus mehreren Filmen.

Zunächst mussten die Probanden einen Fragebogen ausfüllen, mit dem eine Reihe persönlicher Daten erfasst wurde, um sicherzugehen, dass sich die beiden Gruppen nicht signifikant voneinander unterschieden und somit vergleichbar waren. Erfasst wurden soziodemographische Variablen, die Anzahl der am Vortag gerauchten Zigaretten (11 in der Versuchsgruppe, 10 in der Kontrollgruppe), die Zeit, die seit dem Konsum der letzten Zigarette verstrichen war, sowie ihr Vorsatz, mit dem Rauchen aufzuhören.

Danach bekamen sie einen der beiden Filme zu sehen und füllten unmittelbar anschließend einen Fragebogen aus, mit dem Symptome des Nikotinentzugs erfasst werden sollten. Es folgte eine zehnminütige Pause, in der man sie bat, den Raum zu verlassen, damit der Versuchsleiter den nächsten Teil des Experiments vorbereiten könne. Hauptanliegen der Untersuchung war jedoch zu sehen, wie viele der Probanden diese Unterbrechung nutzten, um zu rauchen. Nach der Pause beantworteten die Versuchspersonen noch einen weiteren Fragebogen und durften dann gehen. Am folgenden Tag wurden sie angerufen und gefragt, wann sie sich nach dem Verlassen des Labors ihre erste Zigarette angezündet hatten.

Es zeigte sich (Abbildung 1.4), dass 64 Prozent der Probanden, die den Film mit den Raucherszenen gesehen hatten, die Pause genutzt hatten, um sich draußen eine Zigarette anzuzünden. In der Kontrollgruppe waren es nur 44 Prozent. In der ersten halben Stunde nach Verlassen des Labors hatten ebenfalls mehr Teilnehmer aus der Versuchsgruppe zur Zigarette gegriffen (62,5 Prozent) als aus der Kontrollgruppe (37,5 Prozent). Die Forscher konnten keinen signifikanten Unterschied zwischen den beiden Gruppen feststellen bezüglich der Symptome des Nikotinentzugs sowie des dringenden Bedürfnisses zu rauchen. Der Film stellte also einen psychologischen Anreiz dar, hatte aber anscheinend keine Auswirkung auf die Symptome physischer Abhängigkeit.

Die Statistik belegt, dass zwischen dem Ansehen der Raucherszenen im Film und dem Tabakkonsum in der Pause ein direkter Zusammenhang besteht.

Fazit

Es wirkt sich also unmittelbar auf den Tabakkonsum von Rauchern aus, wenn sie zuvor Filmszenen gesehen haben, in denen geraucht wurde. Die Verfasser der Studie schließen daraus, dass sich Raucher allein schon dadurch verleiten lassen, erneut zur Zigarette zu greifen, dass sie andere beim Rauchen beobachten, oder dass irgendwo eine Zigarettenschachtel liegt oder ein Aschenbecher herumsteht. Ihrer Ansicht nach wäre es ideal, wenn jemand, der den Entschluss gefasst hat, das Rauchen aufzugeben, weder Zigaretten noch irgendwelche Gegenstände, die mit dem Tabakkonsum in Verbindung gebracht werden, mehr zu Gesicht bekäme. Dazu gehören auch Abbildungen von Zigarettenpackungen. Die Ergebnisse ihrer Studie könnten ihrer Überzeugung nach in Präventionskampagnen gegen den Tabakkonsum praktische Anwendung finden. Eine Zigarettenschachtel oder eine Zigarette in einem Antiraucherspot würden nämlich Raucher möglicherweise dazu veranlassen, sich gleich wieder einen Glimmstängel anzuzünden.

Lucky Luke hat also gut daran getan, mit dem Rauchen Schluss zu machen!

9 Schaden Videospiele der Gesundheit Ihrer Kinder?

Videospiele im Sitzen und in Bewegung

Es ist wahrscheinlich nichts Neues für Sie, dass die meisten Kinder Spaß an Videospielen finden. Doch einige Kinder neigen dazu, stundenlang vor dem Computer hocken zu bleiben und ihre ganze Freizeit mit dieser Art von Beschäftigung zu verbringen. Ein Argument, das gegen solche Spiele im Allgemeinen vorgebracht wird, lautet, sie seien schädlich, weil der Spieler dabei überwiegend passiv bleibt: Das Kind sitzt auf dem Sofa, bewegt sich kaum und verbraucht nur sehr wenig Energie. Mit der neuen Generation der Spielkonsolen hat sich das ein wenig geändert. Denn es sind jetzt Spiele auf dem Markt, bei denen der Spieler aktiver wird. Diese Konsolen reagieren auf die Bewegungen des Spielenden und verlangen, dass er sich bewegt und nicht die ganze Zeit sitzen bleibt. Bei einem Tennisspiel beispielsweise muss er den Controller so halten wie einen Tennisschläger und mit dem Arm die gleichen Bewegungen ausführen wie ein Sportler auf dem Tennisplatz.

Einige Wissenschaftler wollten wissen, wie sich diese beiden unterschiedlichen Typen von Videospielen auf die Gesundheit von Kindern auswirken.

Penko et al. (2010) haben zu diesem Zweck 24 Kinder (12 Jungen und 12 Mädchen) im Alter von acht bis zwölf Jahren untersucht. Elf der

Tabelle 1.1   Herzfrequenz und Sauerstoffverbrauch in den verschiedenen Phasen (*Die als Exponenten aufgeführten Buchstaben stehen für die lineare Standardabweichung*).

	Ruhephase	Spiel im Sitzen	Laufband	Aktives Spiel Nintendo Wii
Herzfrequenz	84,4[a]	91,1[b]	105,9[c]	121,4[d]
Sauerstoffver-brauch	5,1[a]	5,4[b]	10,2[c]	11,7[d]

Kinder (vier Jungen und sieben Mädchen) hatten nach Body-Mass-Index ein normales Gewicht und dreizehn waren übergewichtig (acht Jungen und fünf Mädchen). Jedes Kind sollte jeweils zehn Minuten lang vier Tätigkeiten ausführen:

* Ruhephase: Die Kinder blieben zehn Minuten lang ruhig und untätig sitzen;
* Laufband: Die Kinder liefen in normalem Schritttempo auf einem Laufband;
* Videospiel im Sitzen: Die Kinder spielten ein herkömmliches Videospiel im Sitzen – in diesem Fall eines, bei dem es ums Boxen ging;
* Aktives Videospiel: Die Kinder spielten ein Spiel der neueren Generation, bei dem die eigenen Bewegungen registriert wurden. Sie spielten im Stehen und mussten sich dabei bewegen. In diesem Fall handelte es sich um ein Boxspiel von Nintendo Wii.

Begonnen wurde immer mit der Ruhephase, danach folgten in ausgewogener Reihenfolge die drei anderen Aktivitäten. Zwischen zwei aktiven Phasen (Laufband oder Spiel) ruhten sich die Kinder fünf Minuten lang aus, damit sich ihr Herzrhythmus wieder normalisieren konnte.

Während des gesamten Experiments zeichneten die Forscher mit entsprechenden Geräten sowohl die Herzfrequenz der Kinder (Anzahl der Schläge pro Minute) als auch ihren Sauerstoffverbrauch auf (in ml pro Kilogramm und Minute). Die Kinder sollten außerdem angeben, wie ihnen die drei aktiven Phasen jeweils gefallen hatten (auf einer Skala von 0 „mag ich überhaupt nicht" bis 10 „finde ich toll") und wie anstrengend sie die Tätigkeiten empfanden.

Die Herzfrequenz (Tabelle 1.1) stieg von der Ruhephase zum Spiel im Sitzen, vom herkömmlichen Spiel zum Gehen auf dem Laufband und vom Gehen zum aktiven Spiel jeweils signifikant an. Eine ähnliche Steigerung war beim Sauerstoffverbrauch zu beobachten. Dagegen zeigte sich in beiden Fällen kein signifikanter Unterschied zwischen den normalgewichtigen und den übergewichtigen Kindern.

Anhand dieser physiologischen Werte kann man sagen, dass die Kinder beim Spielen mit Nintendo Wii vergleichbar viel Energie verbrauchten wie bei einer gemäßigten körperlichen Tätigkeit.

Außerdem gaben die Kinder an, der aktive Boxkampf habe ihnen eindeutig besser gefallen als das Spiel im Sitzen (durchschnittlicher Präferenzwert von 8,5 gegenüber 6,9). Und beide Spiele waren beliebter als das Laufband (mittlere Präferenz 6).

Nach Beendigung dieses Teils des Experiments wurden die Kinder aufgefordert, zwei Aufgaben am Computer zu lösen. Damit konnten sie Punkte gewinnen, und für jeden errungenen Punkt durften sie eine Minute lang eines der vorherigen Spiele spielen. Die Kinder hatten die Wahl, ob sie sich lieber für Spielminuten auf jeweils nur einer der beiden Konsolen anstrengen, oder Punkte für beide erzielen wollten. Anhand ihrer Motivation, noch einmal zu spielen, sollte objektiv gemessen werden, welches der Spiele die Kinder jeweils bevorzugten.

Das Ergebnis fiel in den beiden Gruppen unterschiedlich aus. Die Kinder mit Normalgewicht bevorzugten ganz eindeutig das aktive Spiel auf Wii, die übergewichtigen dagegen zeigten eine leichte Vorliebe für das Spiel im Sitzen.

Fazit

Aus dieser Studie ging hervor, dass ein aktives Videospiel wie Nintendo Wii den Vorteil hat, das Spielen mit einer gemäßigten Bewegung zu verbinden. Bei dieser Art von Spiel bewegt sich Ihr Kind zwar ein wenig mehr, ein Ersatz für die echte körperliche Bewegung im Freien kann es aber nicht sein!

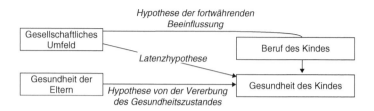

Abb. 1.5 Schematische Darstellung der drei überprüften Hypothesen.

10 Warum sind die Chancen gesund zu bleiben nicht für alle gleich?

Gesundheit und sozialer Status

Die medizinische Forschung hat gezeigt, wie wichtig die genetische Ausstattung des Menschen ist, d.h. wie stark biologische Faktoren seine Gesundheit positiv oder negativ beeinflussen. Vor einigen Jahren hat deshalb die Weltgesundheitsorganisation (WHO) mit dem Disease Adjusted Life Year (DALY) ein Instrument geschaffen, mit dem das Gesundheitsdefizit gemessen werden kann. Dabei wird berechnet, wie viele gesunde Jahre einem Menschen durch Krankheit und Invalidität verloren gehen.

Welche Rolle kommt aber unter all den Faktoren, die unsere Gesundheit beeinflussen, dem sozialen Umfeld zu? Haben die Kinder von Arbeitern dieselbe Chance auf ein gesundes Leben wie die Kinder von Führungskräften? Diese bisher noch wenig erforschte Frage versuchen einige Untersuchungen zu beantworten.

Auf der Grundlage der in den Jahren 2004 und 2005 durchgeführten europäischen Umfrage SHARE (Survey on Health, Ageing, Retirement in Europe) hat eine Studie ergeben, dass der Gesundheitszustand von der sozialen Herkunft abhängt, und dass die gesundheitliche Verfassung der Eltern einen Einfluss darauf hat, wie gesund ihre Kinder im Erwachsenenalter sind (Devaux et al., 2007). Die Untersuchung stützte sich auf eine Stichprobe von 2.695 Personen im Alter von 49 Jahren und älter. Anhand von Informationen über die soziale Herkunft und die aktuelle Situation der Eltern wurde ein Indikator für ihre Gesundheit erstellt. Ausgangsbasis dafür war die relative Lebensdauer der Eltern im Verhältnis zu der bei deren Geburt zu erwartenden Lebenszeit. Man ermittelte also die Differenz zwischen dem für ihre Generation bei der Geburt zu erwartenden Lebensalter und dem Alter, in dem sie tatsächlich verstorben waren, bzw. (bei noch lebenden Eltern) dem Zeitpunkt, zu dem vermutlich mit ihren Ableben zu rechnen war.

Drei Hypothesen sollten geprüft werden (Abbildung 1.5):
1) Latenzhypothese: die Lebensbedingungen in der Kindheit wirken sich direkt auf die Gesundheit im Erwachsenenalter aus;
2) Hypothese von der fortwährenden Beeinflussung: die Lebensbedingungen in der Kindheit beeinflussen die Gesundheit indirekt, weil sie für den späteren sozioökonomischen Status eine Rolle spielen;
3) Hypothese von der Vererbung des Gesundheitszustandes: Gesundheit ist ein Kapital, das sich im Lauf des Lebens ständig weiterentwickelt, aber stets durch die Ausgangsbedingungen geprägt bleibt, welche zum Teil auch mit der Gesundheit der Eltern zusammenhängen, da Eltern und Kinder ein gemeinsames genetisches Erbe besitzen.

Die Ergebnisse zeigten zum einen, dass die Wahrscheinlichkeit einer guten Gesundheit mit der Herkunft aus einer gehobenen Gesellschaftsschicht steigt: Menschen aus den oberen Gesellschaftsschichten besitzen signifikant bessere Gesundheitschancen. Dieses erste Ergebnis wurde durch die Tatsache bestätigt, dass Erwachsene, die aus einem benachteiligten Milieu stammten, häufiger angaben, ihr Gesundheitszustand sei schlecht.

Zweitens zeigte sich, dass der Beruf eines Menschen seinen Gesundheitszustand stark beeinflusst. Deshalb stehen die gesundheitlichen Chancen für einen Manager besser als für einen Arbeiter oder eine ungelernte Arbeitskraft. Der Beruf des Vaters wirkt sich also nicht direkt auf die Gesundheit des Kindes aus, wohl aber indirekt, weil der Beruf des Vaters die Berufswahl des Kindes beeinflusst. Dagegen zeigte sich aber eine direkte Auswirkung des Berufs der Mutter auf die Gesundheit des Kindes im Erwachsenenalter. Darin spiegelt sich nicht nur der direkte Einfluss des Lebensstandards auf die Gesundheit wider, sondern auch die Tatsache, dass der Bildungsgrad der Mutter für die Gesundheit ihres Kindes im Erwachsenenalter eine Rolle spielt.

Und schließlich hatten diejenigen, deren Eltern sich guter Gesundheit erfreuten oder noch erfreuen, deutlich bessere Aussichten, selbst ebenfalls gesund zu bleiben. Betrachtete man zudem den Bildungsgrad dieser Menschen, so war festzustellen, dass Bildungsgrad und Gesundheit deutlich miteinander zusammenhingen: Je höher der Bildungsabschluss, umso besser standen die Chancen auf eine gute Gesundheit. Diese Feststellung legt die Vermutung nahe, dass Bildung ein Faktor ist, der die negativen Auswirkungen einer ungünstigen sozialen Herkunft auf die Gesundheit im Erwachsenenalter abmildern kann, und somit die Weitergabe von ungleichen Gesundheitschancen von Generation zu Generation.

Fazit

Gesundheit ist demnach nicht nur eine Frage der Biologie, sondern auch eine des sozialen Umfelds. Diese Analyse hat gezeigt, wie die soziale Herkunft die Gesundheit beeinflusst. Insbesondere wenn die Mutter aus einer gehobenen Gesellschaftsschicht stammt, wirkt sich das positiv auf die Versorgung und die Erziehung des Kindes aus. Ihm wird eine bessere Bildung zuteil, und in seinem späteren Leben erreicht es einen gesellschaftlichen Status, der mit einer höheren Lebenserwartung einhergeht.

Aus dieser Studie geht ebenfalls deutlich hervor, dass die Gesundheit in Frankreich ungleich verteilt ist. Es bestehen immer noch Unterschiede bezüglich des Gesundheitszustandes, die auf die soziale Herkunft und auf die Gesundheit der Eltern zurückzuführen sind.

Es haben also nicht alle die gleichen Chancen auf eine gute Gesundheit!

11 Warum ist es besser, reich und gesund als arm und krank zu sein?

Gesundheitsversorgung und soziale Ungleichheit

Es ist eine Binsenweisheit: Lieber gesund als krank! Aber bedeutet Krankheit für den Reichen das Gleiche wie für den Armen? Ein wohlhabender Krebspatient leidet unter denselben Beschwerden wie sein armer Leidensgenosse. Aber sind wir angesichts der Krankheit wirklich alle gleich? Die in Frankreich 1999 eingeführte allgemeine medizinische Grundversorgung CMU (couverture maladie universelle) sichert allen Bürgern den gleichen Zugang zur ärztlichen Versorgung, und jenen, deren monatliches Einkommen unter 621 Euro liegt, stehen alle Einrichtungen des Gesundheitssystems kostenlos zur Verfügung.

Theoretisch darf sich also kein Arzt weigern, einen Patienten zu behandeln, der nur über diese Grundsicherung verfügt. Aber könnte es sein, dass es in der Realität doch besser ist, reich und gesund zu sein, anstatt arm und krank?

In einer Studie des Institut de Recherches et Documentation en Economie de la Santé (IRDES, 2009) wurde am Beispiel von 861 niedergelassenen Ärzten überprüft, wie häufig sie die Behandlung von CMU-versicherten Patienten ablehnten : 217 Allgemeinmediziner, 125 Gynäkologen, 154 Augenärzte, 267 Radiologen und 98 Zahnärzte. Man ging dabei auf zwei verschiedene Weisen vor: Einmal bat ein Patient, der sich als CMU-Versicherter ausgab, um einen Termin bei einem Arzt (wurde ihm dieser verwehrt, erfolgte eine zweite Terminanfrage, um sicher zu gehen, dass die Ablehnung tatsächlich dem nur basisversicherten Patienten galt). Ein anderes Mal machte der Patient keinerlei Angaben zu der Art seiner Krankenversicherung, sondern

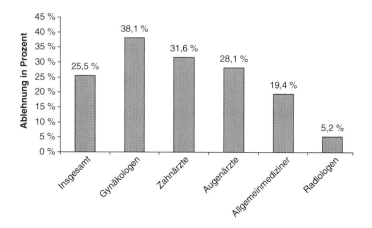

Abb. 1.6   Ablehnung der Behandlung von CMU-Versicherten (in Prozent) durch Ärzte unterschiedlicher Fachrichtung (Quelle: IRDES, 2009).

ließ nur durchblicken, dass er aus sehr einfachen sozialen Verhältnissen stammte. Es stellte sich heraus, dass sich 25,5 Prozent der Ärzte, also jeder Vierte, weigerten, die ärmsten Patienten zu behandeln. Außerdem ergab die Umfrage ein unterschiedliches Verhalten je nach der Fachrichtung der Mediziner (Abbildung 1.6). So waren eine Drittel der Zahnärzte (31,6 Prozent), 28,1 Prozent der Augenärzte und fast jeder fünfte Allgemeinmediziner (19,4 Prozent) nicht bereit, die Ärmsten der Armen zu behandeln. Am häufigsten lehnten dies die Gynäkologen ab, bei ihnen waren es 38,1 Prozent. Lediglich die Radiologen bildeten mit nur 5,2 Prozent eine rühmliche Ausnahme.

Die Analysen ergaben eine Reihe von Gründen für die Behandlungsverweigerung. Am häufigsten wurde der hohe Verwaltungsaufwand geltend gemacht, der mit der Behandlung CMU-versicherter Patienten verbunden ist: Da die Behandlung für sie kostenlos ist, erfolgt die Bezahlung des Arztes über die Krankenkasse, und das ist unterschiedlich rasch der Fall, je nachdem, ob die Praxis über die entsprechende Software und ein Lesegerät für das Versichertenkärtchen verfügt. Ärzte, die ein solches Gerät nicht besitzen, verweigern die Behandlung signifikant häufiger als ihre besser ausgestatteten Kollegen. Einer der

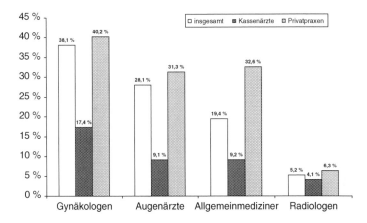

Abb. 1.7 Ablehnung der Behandlung von CMU-Patienten durch Ärzte unterschiedlicher Fachrichtung und unterschiedlicher Zulassung (in Prozent) (Quelle: IRDES, 2009).

Hauptgründe für die Behandlungsverweigerung ist jedoch finanzieller Art. Mit anderen Worten, ausschlaggebend für die Ablehnung ist oft die Tatsache, dass für die Behandlung grundversicherter Patienten nur die von der gesetzlichen Krankenkasse festgesetzten Honorare vergütet werden, d.h. jene Ärzte, die privat abrechnen, weigern sich, CMU-Patienten anzunehmen (Abbildung 1.7).

Die Häufigkeit der Behandlungsverweigerung hing auch davon ab, in welchem Stadtteil sich die Praxis befand und wie hoch dort die durchschnittlichen Einkommen der Bewohner waren. In den Vierteln mit den höchsten Durchschnittseinkommen lehnten die Ärzte es am häufigsten ab, grundversicherte Patienten anzunehmen.

Die Analyse der Ergebnisse dieser Studie ergab schließlich, dass die Patienten, die lediglich über eine Grundversicherung verfügen, für einen Teil der Ärzte eine besondere Kategorie darstellten, der sie mit Vorurteilen begegneten. So wies die Untersuchung beispielsweise darauf hin, dass manche Ärzte eine Auswahl zwischen „guten" und „schlechten Armen" trafen, bevor sie einen Termin vergaben. Andere versuchten, die CMU-Patienten an die öffentlichen Krankenhäuser zu verweisen, weil diese ihrer Meinung nach dafür zuständig sind, die benachteiligten Gesellschaftsgruppen zu versorgen, wohingegen die privaten Arztpraxen den „anderen Patienten" vorbehalten seien. Die ärmsten Patienten sahen sich also eindeutig Vorurteilen und Diskriminierung ausgesetzt, was sich in der Behandlungsverweigerung ganz direkt äußerte. Doch auch wenn diese Patienten angenommen wurden, kam es zu Diskriminierungen. Die banalste Form bestand darin, dass man mit ihnen anders umging als mit den übrigen Patienten (die ärztliche Untersuchung fiel u. a. knapper aus). Selbst wenn der Patient also einen Termin erhalten hatte, zeigte sich in dieser Praxis eine perfide Benachteiligung.

Fazit

Wer also Probleme mit der Gesundheit hat und sich in ärztliche Behandlung begeben muss, tut gut daran, nicht arm zu sein. Er läuft erwiesenermaßen Gefahr, weniger gut behandelt zu werden als andere Patienten, oder er bekommt nicht einmal einen Termin beim Arzt. Theoretisch haben zwar auch die Ärmsten durch die gesetzliche Grundversicherung (CMU) Zugang zur öffentlichen und privaten Gesundheitsversorgung, doch die Realität zeigt, dass heute tatsächlich jeder vierte Arzt die Behandlung von sozial benachteiligten Patienten ablehnt.

2

Zufriedenheit mit dem eigenen Körper

Inhalt

12 Finden sich Frauen wirklich zu dick?

Zufriedenheit mit dem eigenen Körper bei Männern und Frauen

„Frauen finden sich immer zu dick", „Frauen wollen immer abnehmen!", „Eine Frau macht immer irgendeine Diät!" usw.

Solche Sätze haben Sie alle schon einmal gehört. Sie bringen
zum Ausdruck, dass Frauen sehr viel häufiger als Männer mit
ihrer Figur unzufrieden sind und abnehmen möchten. Neigen
Frauen wirklich dazu, mit ihrem Körper unzufrieden zu sein?
Finden sie sich tatsächlich dicker, als sie es in Wirklichkeit

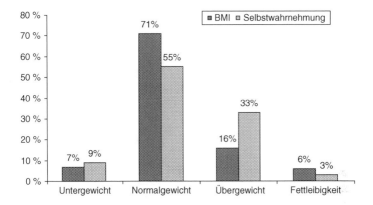

Abb. 2.1 Selbstwahrnehmung des Gewichts und BMI der Frauen (in Prozent).

sind? Diese Fragen haben eine Gruppe von Wissenschaftlern gereizt.

Wharton et al. (2008) haben 38.204 Studenten (13.371 Männer und 24.833 Frauen) von durchschnittlich 20 Jahren befragt, um zu erfahren, wie sie ihr Körpergewicht empfanden und was sie gegebenenfalls taten, um abzunehmen. Von jedem Untersuchungsteilnehmer erfassten sie folgende Daten: den Body-Mass-Index (BMI), die eigene Beurteilung des Körpergewichts, den Umgang mit dem Gewicht (nichts daran ändern, d.h. sich nicht um sein Gewicht kümmern; das aktuelle Gewicht halten; abnehmen oder zunehmen), sowie Strategien, um das gesetzte Ziel zu erreichen.

Insgesamt hielten sich 33,2 Prozent der Befragten für übergewichtig oder fettleibig. Ihrem Body-Mass-Index zufolge waren es aber nur 28,3 Prozent. Hier gab es allerdings bedeutende Unterschiede zwischen Männern und Frauen.

Nach dem BMI zu urteilen, besaßen 71 Prozent der Frauen ein normales Gewicht, und 22 Prozent waren übergewichtig oder adipös. Allerdings meinten nur 55 Prozent, sie seien normalgewichtig, 36 Prozent dagegen fanden sich übergewichtig oder sogar fettleibig (Abbildung 2.1). Die Frauen hielten sich also für dicker, als sie in Wirklichkeit waren.

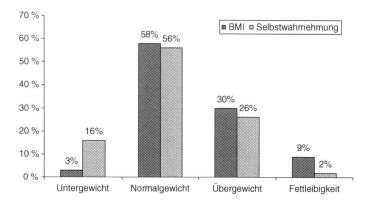

Abb. 2.2 Selbstwahrnehmung des Gewichts und BMI der Männer (in Prozent).

Bei den Männern dagegen fand sich dieses Phänomen nicht (Abbildung 2.2.): 56 Prozent sahen sich als normalgewichtig, was auf 58 Prozent auch zutraf. Nur 26 Prozent hielten sich für übergewichtig, tatsächlich waren jedoch 39 Prozent zu dick. Dagegen fanden sich 16 Prozent der Männer zu dünn, doch ihrem BMI zufolge gehörten tatsächlich nur 3 Prozent in diese Kategorie. Die Männer neigten also eher dazu, sich für schlanker zu halten, als es der Wirklichkeit entsprach.

Die statistischen Analysen besagen, dass die Differenz zwischen der wahrgenommenen und der tatsächlichen Körperfülle bei den Frauen signifikant höher ausfällt als bei den Männern. Frauen neigen demnach dazu, sich dicker zu finden, als sie in Wirklichkeit sind, und mit ihrer Figur weniger zufrieden zu sein als die Männer.

Bezogen auf den Umgang mit dem eigenen Gewicht (Abbildung 2.3) wollten die meisten Frauen (60 Prozent) abnehmen, obwohl nur 36 Prozent von ihnen sich für übergewichtig oder adipös hielten, und obwohl diese Einschätzung nur auf 22 Prozent wirklich zutraf. Bei den Männern fand sich diese Haltung nicht. Der Prozentsatz der Frauen, die schlanker werden wollten, lag signifikant höher als bei den Männern, aber nach dem BMI waren signifikant mehr Männer (39 Prozent) übergewichtig oder fettleibig als Frauen (22 Prozent)!

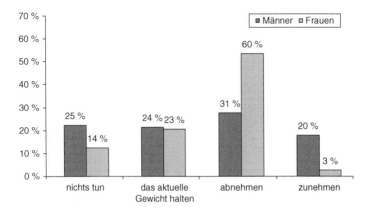

Abb. 2.3   Umgang mit dem eigenen Gewicht (in Prozent).

Und schließlich stellten die Forscher fest, dass sowohl Männer als auch Frauen die gleichen Strategien anwendeten, um Gewicht zu verlieren: Vor allem trieben sie Sport, hielten eine Diät ein oder beides zusammen. Doch sie beobachteten auch, dass Frauen (14 Prozent) signifikant häufiger zu ungeeigneten oder potenziell gesundheitsschädlichen Methoden griffen als Männer (7 Prozent). So führten sie beispielsweise Erbrechen herbei oder schluckten Abführpillen oder Schlankheitsmittel.

Fazit

Es stimmt also tatsächlich: Frauen finden sich dicker als sie in Wirklichkeit sind! Diese Realitätsverzerrung führt dazu, dass die meisten von ihnen abnehmen möchten. Um das zu erreichen, greifen einige manchmal sogar zu potenziell gesundheitsschädlichen Methoden.

13 Wussten Sie, dass junge Mädchen mit ihrer Figur zufriedener sind, wenn sie einen festen Freund haben?

Liebe und Zufriedenheit mit dem eigenen Körper

Dass die meisten Frauen mit ihrer Figur unzufrieden sind, liegt vielleicht daran, dass sie sich mit den weiblichen Schönheitsidealen vergleichen, die ihnen in Zeitschriften und Medien präsentiert werden, also mit sehr schlanken Frauen. Lin und Kulik (2002) hatten die Hypothese aufgestellt, dass junge Mädchen, die einen festen Freund haben, weniger dazu tendieren, sich mit den Models in den Zeitschriften zu vergleichen, und dass sie deshalb mit ihrem Körper weniger unzufrieden sind und mehr Selbstvertrauen besitzen.

Diese Hypothese wollten Forbes et al. (2006) an 84 jungen Frauen zwischen 18 und 22 Jahren überprüfen: Ein Teil von ihnen hatte einen festen Freund, die anderen nicht. Alle Versuchspersonen bewerteten sich zunächst auf einer Selbstwertskala. Auf einer weiteren Skala machten sie Angaben zu ihrer Zufriedenheit mit dem eigenen Körper. Dazu sollten sie 35 Regionen ihres Körpers positiv oder negativ bewerten. Anschließend zeigten ihnen die Forscher Abbildungen von verschiedenen weiblichen Körpern, von sehr schlanken bis zu sehr dicken. Nun sollten die Probandinnen angeben, welche dieser Abbildungen am ehesten

* ihrem eigenen Körper,
* ihrer Wunschfigur,
* der Wunschfigur der meisten Frauen
* oder der Figur entsprach, die Männern gefällt.

Nach Ansicht der jungen Frauen mit Freund bevorzugen Männer einen deutlich dickeren Frauentyp, als dies die Frauen vermuteten, die keinen festen Freund hatten. Außerdem fiel der Unterschied zwischen dem Bild, das am ehesten ihrem eigenen Körper entsprach, und jenem, von dem sie meinten, es gefalle den Männern am besten, bei den Frauen mit Freund signifikant geringer aus als bei den anderen. Die jungen Frauen, die in einer festen Beziehung lebten, machten sich auch weniger Gedanken um ihr eigenes Gewicht und fanden sich begehrenswerter als die Frauen ohne Partner. Dagegen war kein signifikanter Unterschied zu beobachten, wenn es um die eigene Wunschfigur ging oder um die Frage, welche Figur die meisten Frauen vermutlich gerne besäßen. Auch hinsichtlich der Selbstwerteinschätzung wiesen die beiden Gruppen keinen signifikanten Unterschied auf.

Fazit

Einen festen Freund zu haben, verringert die Unzufriedenheit mit dem eigenen Körper. Die Wissenschaftler weisen jedoch darauf hin, dass aufgrund ihrer Ergebnisse nicht unbedingt darauf geschlossen werden darf, dass es einen direkten Zusammenhang gibt zwischen der Zufriedenheit einer Frau mit dem eigenen Körper und der Tatsache, dass sie einen Partner besitzt. Denn vorstellbar ist auch, dass Frauen, die sich in ihrem eigenen Körper wohl fühlen, ein Verhalten und Auftreten an den Tag legen, das es ihnen erleichtert, einen Freund zu finden.

14 Ist Ihr Freund aufrichtig, wenn er sagt: „Du bist doch gar nicht so dick, mein Schatz!"?

Wahrgenommene Zufriedenheit mit dem eigenen Körper

Hat Ihnen Ihre Frau noch niemals so heikle Fragen gestellt, wie: „Findest du mich dick?" oder „Meinst du nicht, dass ich zugenommen habe?" Die Frauen sind ja, wie wir gerade gesehen haben, meistens mit ihrem eigenen Körper unzufrieden. Viele möchten abnehmen, weil sie glauben, ihr Partner sähe sie lieber schlanker. Das ist jedoch nicht unbedingt der Fall!

Das jedenfalls haben Markey & Markey (2006) aufgezeigt, als sie 95 Paare im Alter von 18 bis 35 Jahren befragten. Die Versuchspersonen waren seit mindestens einem, durchschnittlich aber seit drei Jahren ein Paar: 25 Prozent waren verheiratet, 32 Prozent lebten zusammen und 43 Prozent nicht. Die Partner wurden jeweils einzeln in verschiedenen Räumen befragt. Der durchschnittliche BMI der an dieser Studie beteiligten Frauen entsprach mit 23,99 einem normalen Gewicht.

Die Forscher ermittelten zum einen, welches Bild die Frauen von ihrem Körper hatten, und zum anderen, wie die Männer den Körper ihrer Frauen sahen. Dazu legten sie ihnen neun Bilder weiblicher Körper vor, deren Fülle von sehr schlank bis sehr dick variierte. Die Frauen sollten dann angeben, welcher dieser Körper ihrer Meinung nach am besten

* ihrer eigenen aktuellen Figur (F1),
* ihrer Wunschfigur (F2),
* der Vorstellung, die sich ihr Partner von ihrer aktuellen Figur machte (F3),
* und der Figur entsprach, die ihrem Partner am besten gefallen würde (F4).

Die Männer wurden gefragt, welcher der neun abgebildeten Körper
* der aktuellen Figur ihrer Partnerin (F5) oder
* der Figur entsprach, die ihre Partnerin ihrem Geschmack nach haben sollte (F6).

Anhand dieser sechs Antworten wurden drei Indikatoren für die Zufriedenheit mit dem Körper berechnet:
* „die körperliche Zufriedenheit der Frauen", d.h. wie zufrieden die Frauen mit ihrer eigenen Figur waren. Hierzu wurden die in der Frage 1 angegebenen Werte von denen der Frage 2 subtrahiert (F2 – F1);

Tabelle 2.1 Auswahl der Bilder (Werte von 1 bis 9). (*Die als Exponent erscheinenden Buchstaben geben die signifikante lineare Standardabweichung an*).

	Frauen	angenommene Zufriedenheit des Partners	Männer
Aktuelle Figur	5,26[a]	4,84[b]	4,98[b]
Wunschfigur	3,88[a]	4,12[b]	4,51[c]

* „die angenommene Zufriedenheit des Partners", d.h. die Vorstellung der Frauen bezüglich der Zufriedenheit ihres Partners mit ihrer Figur (F4 – F3);
* „die Zufriedenheit des Partners", d.h. wie zufrieden die Männer mit der Figur ihrer Partnerin waren (F6 – F5).

Bei allen drei Indikatoren bedeuteten negative Werte, dass der Betreffende gerne schlanker wäre. Positive Werte bedeuteten, dass die Person den Wunsch hatte, an Gewicht zuzunehmen. Der Wert 0 hingegen stand für Zufriedenheit mit dem aktuellen Zustand seines Körpers.

Bei der Wahl der Bilder konnten Werte von 1 (die schlankste Figur) bis 9 (die korpulenteste Figur) angegeben werden. Tabelle 2.1 zeigt die ermittelten Werte.

Die Frauen selbst halten sich also für dicker (mittlerer Wert 5,26) als ihr Partner sie ihrer Meinung nach wahrnimmt (mittlerer Wert 4,84), und für dicker als dieser sie tatsächlich empfindet (mittlerer Wert 4,98). Außerdem möchten sie schlanker sein (mittlerer Wert 3,88) als ihr Partner es sich wünscht (mittlerer Wert 4,51). Mit anderen Worten, die Männer finden ihre Partnerin gar nicht so dick, wie diese denkt, und die Frauen wären gerne schlanker, als ihr Partner es möchte. Folglich sind Frauen mit ihrem Körper weniger zufrieden als ihre Partner, und den Männern gefällt der Körper ihrer Partnerin besser, als diese vermutet (Abbildung 2.4)!

Eine Korrelationsanalyse schließlich ergab, dass die Dauer und Qualität der Beziehung weder mit der Zufriedenheit der Frau mit ihrem Körper noch mit der Zufriedenheit ihres Partners bezüglich ihrer Figur signifikant korrelierte. Dagegen wurde beobachtet, dass die Frauen umso eher meinten, ihr Partner sei mit ihrer Figur zufrieden, je länger

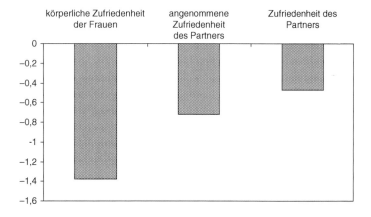

Abb. 2.4   Die drei Indikatoren für die Zufriedenheit mit dem Körper.

die Beziehung bereits bestand. Der BMI der Frauen korrelierte übrigens positiv mit den drei Indikatoren für die Zufriedenheit mit dem Körper: Je höher ihr BMI, umso unzufriedener waren die Frauen mit ihrem Körper, umso seltener meinten sie, ihre Figur gefalle ihrem Partner, und umso häufiger traf das auch zu.

Fazit

Die meisten Frauen fanden sich dicker, als sie es tatsächlich waren. Sie behaupteten außerdem, ihre Männer wollten sie nur beruhigen, wenn sie ihnen sagten, sie seien doch gar nicht zu dick, bräuchten nicht abzunehmen oder eine Diät zu machen. Nun, meine Damen, Ihre Männer wollen durchaus nicht immer nur nett sein: Wissenschaftliche Studien haben ergeben, dass die Männer Sie tatsächlich als weniger dick empfinden als Sie vermuten, und dass sie Ihren Körper viel attraktiver finden als Sie selbst es tun. Und deshalb wollen sie gar nicht unbedingt, dass Sie schlanker werden. Beruhigt Sie das ein wenig?

15 Warum haben Frauen, die sich zu dick finden, weniger Vergnügen im Bett?

Sexuelles Vergnügen und Zufriedenheit mit dem eigenen Körper

Wie wir gesehen haben, sind viele Frauen mit ihrem Körper unzufrieden. Und das umso mehr, wenn sie tatsächlich übergewichtig sind. Diese Unzufriedenheit kann sich auch in ihrem Alltagsleben bemerkbar machen. So tragen sie beispielsweise weite Kleidung, die ihre Figur verhüllt, und auch ihr Selbstwertgefühl leidet unter ihrem Gewicht. In einigen Untersuchungen hat man versucht herauszufinden, inwieweit die Unzufriedenheit der Frauen mit ihrer Figur auch ihre Paarbeziehung und ihr Sexualleben beeinflusst.

Meltzer & McNulty (2010) befragten hierzu fünfmal 53 Paare, die seit kurzem, aber mindestens seit sechs Monaten verheiratet waren. Keiner der Ehepartner war zuvor schon einmal verheiratet gewesen und keiner hatte Kinder.

Zu den erhobenen Daten gehörte auch die Häufigkeit der sexuellen Kontakte (wie oft sie im zurückliegenden Monat Geschlechtsverkehr praktiziert hatten), die sexuelle Befriedigung und die Zufriedenheit in der Ehe (d.h. die Zufriedenheit mit der Paarbeziehung). Der Body-Mass-Index (BMI) der Frauen wurde aus ihrem Gewicht und ihrer Größe berechnet. Der mittlere Wert lag bei 25,15 und besagte, dass die Teilnehmerinnen an dieser Studie durchschnittlich zu der Kategorie der Übergewichtigen zählten. Außerdem wurden die Probandinnen nach ihrem Selbstwertgefühl gefragt und danach, wie zufrieden sie mit ihrer Figur waren. Der Grad der körperlichen Zufriedenheit wurde bestimmt anhand 1) der sexuellen Attraktivität, 2) der Sorge um das eigene Gewicht und 3) der körperlichen Verfassung.

Die Ergebnisse zeigten zunächst einmal, dass beide Partner gleichermaßen mit ihrer Ehe und ihrem Sexualleben zufrieden waren.

Die Analyse der Korrelationen zwischen den verschiedenen Indikatoren erbrachte mehrere interessante Ergebnisse: Erstens, je dicker eine Frau war, d.h. je höher ihr BMI ausfiel, umso geringer war ihr Selbstwertgefühl und umso weniger fand sie sich sexuell attraktiv. Zweitens kam es seltener zum Geschlechtsverkehr, wenn die Frau sich nicht als sexuell begehrenswert empfand, und damit sank auch ihre Zufriedenheit mit der Ehe. Die Zufriedenheit des Mannes mit dem Sexualleben und der Ehe hingegen wurde durch den BMI seiner Frau nicht beeinflusst, sondern nur dadurch, ob sie sich sexuell anziehend fand. Je begehrenswerter sich eine Frau also sah, umso zufriedener war ihr Mann sowohl in sexueller Hinsicht als auch in der Paarbeziehung an sich, und das selbst dann, wenn seine Frau übergewichtig war.

Aus anderen Statistiken ging jedoch hervor, dass für den Zusammenhang zwischen der sexuellen Attraktivität der Frau und der Zufriedenheit beider Partner mit der Ehe die Häufigkeit der sexuellen Beziehungen des Paares eine vermittelnde Rolle spielte: Je begehrenswerter sich eine Frau fühlt, umso häufiger kommt es zum Geschlechtsverkehr; je häufiger es zum Geschlechtsverkehr kommt, umso höher ist die sexuelle Befriedigung beider Ehepartner; und schließlich steigt die Zufriedenheit mit der Ehe, je sexuell befriedigter die Partner sind.

Fazit

Frauen, die mit ihrer Figur unzufrieden sind, halten sich oft für weniger begehrenswert als andere. Folglich haben sie weniger sexuelle Beziehungen und sind unbefriedigter. Ihren Partner dagegen interessiert weniger ihr Gewicht, als vielmehr die Tatsache, ob sie sich selbst als begehrenswert empfinden.

3

Verhalten und Gesundheit

Inhalt

16 Sind Männer in Gegenwart einer schönen Frau risikobereiter?

Risikobereitschaft und Verführung

In Büchern, Filmen und Comics kommt häufig eine Femme fatale vor, die allen Männern den Kopf verdreht, sobald sie auftaucht. Denken Sie doch nur an den großen bösen Wolf aus den Zeichentrickfilmen von *Tex Avery*, der jegliche Kontrolle über sich verliert, sobald er ein hübsches Mädchen sieht. Auch wenn Männer nicht unbedingt gleich völlig den Kopf verlieren, finden sich ähnliche Verhaltensweisen auch in der Realität. Zumindest wollten einige psychologische Studien dies beweisen.

So konnte durch mehrere Untersuchungen belegt werden, dass eine schöne Frau die Bereitschaft erhöht, finanzielle Risiken einzugehen.

> Wilson & Daly (2004) haben gezeigt, dass Männer größere Risiken eingingen, wenn sie Fotos verführerischer Frauen zu sehen bekamen, und nicht nur Abbildungen von weniger attraktiven Damen oder von Gegenständen. Sie schlossen daraus, dass eine anziehende Frau durchaus in der Lage ist, einen Mann alles andere vergessen zu lassen, und sich einzig und allein auf das Hier und Jetzt zu konzentrieren.

Allerdings war diese verführerische Frau in all diesen Studien nie persönlich anwesend: Sie war immer nur auf Fotografien zu sehen. Vor kurzem wollte nun ein Forscherteam diese Wirkung in einer Versuchssituation testen, die der Realität näher kam.

> An dieser Studie (Ronay & von Hippel, 2010) nahmen 96 junge Männer im Alter von 18 bis 35 Jahren teil, alles Skateboardfahrer. Jeder sollte zwei Figuren seiner Wahl auf dem Skateboard ausführen:
> * eine einfache, die ihm in der Mehrzahl der Fälle gelang,
> * und eine schwierige, die er gerade einstudierte und die er nur ungefähr jedes zweite Mal fehlerfrei bewältigte.
>
> Jeder Versuchsteilnehmer sollte seine beiden Figuren jeweils zwanzig Mal ausführen. Die Versuche wurden in zwei Phasen unterteilt. In Phase 1 fuhren die Probanden ihre beiden Figuren zehn Mal hintereinander und wurden dabei von einem männlichen Versuchsleiter gefilmt. Nach einer kurzen Pause folgte Phase 2, in der die beiden Figuren noch einmal zehn Mal hintereinander gefahren werden sollten. Dieses Mal wurden die Teilnehmer in zwei Gruppen eingeteilt. Die 43 Skater der Gruppe 1 wurden von demselben Versuchsleiter gefilmt wie in Phase 1, die 53 Skater der Gruppe 2 dagegen wurden von einer verführerischen achtzehnjährigen Versuchsleiterin aufgenommen (ein zuvor durchge-

führtes Experiment hatte die junge Dame als sehr attraktiv ausgewiesen: Auf einer Attraktivitätsskala hatte sie einen mittleren Wert von 5,58 von 7 erzielt). Jede Figur wurde anschließend nach drei Kriterien beurteilt: 1) gelungen (der Proband hatte seine Figur fehlerfrei ausgeführt); 2) Sturz (der Fahrer war gestürzt und die Figur missglückt) und 3) Abbruch (der Proband hatte den Versuch vorzeitig abgebrochen). In der Abbruchrate sahen die Wissenschaftler einen Gegenindikator für die Risikobereitschaft. Nach Abschluss des Experiments wurde von jedem Teilnehmer außerdem noch eine Speichelprobe genommen, um seinen Testosteronwert zu messen. Es zeigte sich folgendes Ergebnis:

Bei der Ausführung der leichten Figur war kein signifikanter Unterschied festzustellen, weder bei der Zahl der Abbrüche noch bei den gelungenen Versuchen oder den Stürzen. In beiden Phasen führten die Teilnehmer beider Gruppen die leichten Figuren in durchschnittlich 80 Prozent der Fälle fehlerfrei aus und brachen sie in weniger als fünf Prozent der Versuche ab.

Bei den schwierigen Figuren hingegen fielen die Ergebnisse sehr unterschiedlich aus. Es zeigte sich, dass die Probanden in Gegenwart der hübschen Frau ein signifikant höheres Risiko eingingen: Die Zahl der Abbrüche bei den Skatern der Gruppe 2 lag in Phase 2, in der sie von der attraktiven Versuchsleiterin gefilmt wurden, signifikant niedriger als in Phase 1, in der ein Mann hinter der Kamera gestanden hatte (Abbildung 3.1). Dagegen war kein signifikanter Unterschied bei den Fahrern zu beobachten, die in beiden Phasen von dem männlichen Versuchsleiter gefilmt worden waren.

Als die Teilnehmer der Gruppe 2 von der attraktiven Dame gefilmt wurden, stürzten sie zwar signifikant häufiger (Abbildung 3.2), aber es gelangen ihnen auch mehr Figuren (Abbildung 3.3) als in Phase 1 mit dem männlichen Fotografen. Die Zahl der gelungenen Versuche und die der Stürze der Skater aus der Gruppe 1 blieb dagegen in beiden Phasen konstant.

Und schließlich ergaben die Speichelproben, dass der Testosteronspiegel bei den Skatern, die es in Phase 2 mit einer verführerischen Versuchsleiterin zu tun hatten, signifikant höher war (durchschnittlicher Wert: 295,95 pmol/l) als bei den anderen, die in beiden Phasen von einem Mann gefilmt worden waren (durchschnittlicher Wert: 212,88 pmol/l). Die statistische Auswertung ergab, dass die Gegenwart einer

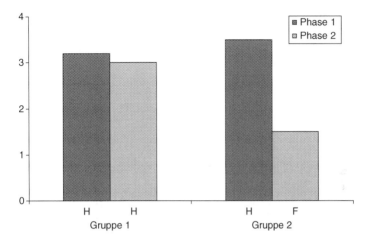

Abb. 3.1 Anzahl der abgebrochenen schwierigen Versuche

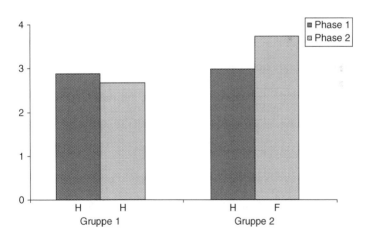

Abb. 3.2 Anzahl der misslungenen schwierigen Versuche (Stürze).

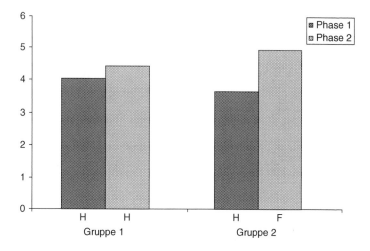

Abb. 3.3   Anzahl der gelungenen schwierigen Versuche.

schönen Frau den Testosteronspiegel ansteigen lässt, was wiederum eine Rolle für die größere Risikobereitschaft spielt. Der Testosteronspiegel spielt demnach also eine Vermittlerrolle zwischen der schönen Frau und der Risikobereitschaft.

Diese Studie belegt, dass Männer in Gegenwart einer schönen Frau ein höheres physisches Risiko eingehen. In einer gefährlichen Situation geben sie dann nicht so oft auf, was zur Folge hat, dass sie bei ihrem Tun häufiger Erfolg haben, aber auch öfter scheitern!

Fazit

Im Alltag werden wir regelmäßig mit Entscheidungssituationen konfrontiert, in denen wir abschätzen müssen, welche Risiken mit unserem Handeln verbunden sind. Dabei können unsere Überlegungen allerdings durch die Gegenwart einer Person des anderen Geschlechts irritiert werden, was uns dann möglicherweise dazu veranlasst, die riskantere Entscheidung zu treffen. Auf diese Weise kann ein schönes Mädchen dafür sorgen, dass ein Mann schon einmal den Kopf verliert – und das nicht nur im Zeichentrickfilm!

17 Warum ist jemand, der sich hässlich findet, gefährdeter, an Bulimie oder Magersucht zu erkranken?

Unzufriedenheit mit dem eigenen Körper und Essverhalten

Viele Frauen sind besorgt um ihre Figur. In dieser Sorge drückt sich eine Unzufriedenheit mit dem eigenen Körper aus, die zu der Entscheidung führen kann, eine Schlankheitsdiät zu machen.

Die Wissenschaft hat aufgezeigt, dass sich die Unzufriedenheit mit dem eigenen Körper in einer verzerrten Wahrnehmung der eigenen Körpermaße äußern kann: Man hält sich für dicker, als man in Wirklichkeit ist.

> In einem bereits klassisch gewordenen Experiment haben Slade und Russel (1973) magersüchtige Frauen in einen dunklen Raum gesetzt und sie gebeten, den Abstand zwischen zwei Lampen, die vor ihnen auf einer Schiene angebracht waren, so einzustellen, dass er ihrer Meinung nach am besten ihrer Schulter- und Hüftbreite sowie ihrem Taillenumfang entsprach. Es zeigte sich, dass sie den Taillenumfang systematisch überschätzten.

Andere Studien zu demselben Thema (Brodie et al., 1989) ergaben, dass Personen mit gestörtem Essverhalten ihren Körperumfang und ihren Körper insgesamt verzerrt wahrnahmen, und zwar sehr viel stärker als der Durchschnitt. Die Ergebnisse bestätigten, dass die Mehrzahl der Frauen dazu neigte, sich für dicker zu halten, als sie wirklich waren. Das war selbst bei denen der Fall, die keine echten Probleme mit dem Essen hatten. Der Grund hierfür liegt ganz einfach darin, dass zwischen der Wahrnehmung des eigenen Körpers und der Wunschfigur eine Diskrepanz besteht. Die Forscher erklären dieses Phänomen damit, dass die meisten Frauen gerne schlanker wären, als sie sind!

Eine der am häufigsten angewandten Methoden zur Erfassung der Unzufriedenheit mit dem eigenen Körper ermittelt die negativen Gefühle und Wahrnehmungen, die mit ihm verbunden sind.

Zu diesem Zweck haben Brown et al. (1990) einen Fragebogen entwickelt, in dem die Probanden beispielsweise gefragt werden; „Wird Ihnen Ihr eigenes Gewicht in Gegenwart schlankerer Personen verstärkt bewusst?" „Stört es Sie, dass einige Regionen Ihres Körpers zu dick sind?" „Macht es Ihnen etwas aus, wenn Sie beim Hinsetzen spüren, wie wabbelig Ihre Oberschenkel sind?" Die Ergebnisse förderten zwei interessante Erkenntnisse zu Tage: Frauen mit gestörtem Essverhalten (Anorexie, Bulimie) sind zwar mit ihrem Körper unzufriedener als andere, aber im Allgemeinen sind die meisten Frauen mit ihrer Figur chronisch unzufrieden.

Aus einer weiteren Studie (Tylka, 2004) ging hervor, dass Frauen, die mit ihrem Körper unzufrieden sind, wie besessen dazu tendieren, ihre Figur zu beobachten und sich mit ihrem Äußeren zu befassen. Deshalb laufen sie auch Gefahr, ein gestörtes Essverhalten zu entwickeln. Die Ergebnisse belegten, dass die ständige Begutachtung des eigenen Körpers einer der Hauptprädiktoren für Essstörungen bei den Frauen ist, die mit ihrer Figur unzufrieden sind.

Fazit

Das bei uns zu beobachtende allgemeine Streben nach dem perfekten Körper und nach Wellness wird durch die wissenschaftlichen Erkenntnisse auf sonderbare Weise ad absurdum geführt. Diese weisen nämlich darauf hin, dass die Unzufriedenheit mit dem eigenen Körper sehr viel weiter verbreitet ist, als man denkt, denn sie belegen, dass die mit der Figur und dem Körperumfang verbundenen negativen Gefühle eine verzerrte Wahrnehmung des realen Zustands nach sich ziehen. Wer in solch einem Fall beschließt, eine Schlankheitsdiät zu machen, tut dies nicht aus medizinischen Gründen, sondern nur deshalb, weil er sich in seinem Körper nicht wohl fühlt.

18 Warum essen Sie während einer Schlankheitsdiät tendenziell mehr?

Schlankheitsdiät und übermäßige Nahrungszufuhr

Fettleibigkeit und Übergewicht greifen immer mehr um sich. In Frankreich werden die Menschen immer dicker. Der Prozentsatz der Übergewichtigen stieg von 36,7 Prozent im Jahr 1997 auf 41,6 Prozent im Jahr 2004, das entspricht einer Steigerung von 13 Prozent. In Frankreich leben heute über fünf Millionen adipöse Menschen, und mehr als 14 Millionen sind übergewichtig. In Deutschland sind gar über 50 Prozent übergewichtig und ca. 20 Prozent adipös. Aufgrund dieses in der Gesellschaft weit verbreiteten gesundheitlichen Phänomens nimmt die Zahl der Diätempfehlungen ständig zu. Doch nach Ansicht der Gesundheitspsychologen ernähren sich die Personen, die eine Schlankheitsdiät machen, entweder nicht ausreichend genug oder aber zu reichhaltig. Ziel der meisten Diäten ist zwar eine Reduzierung der Nahrungszufuhr, doch wird diese Absicht nicht immer erreicht. Das jedenfalls belegen verschiedene Untersuchungen.

Ruderman & Wilson (1979) haben beobachtet, dass eine strenge Diät manchmal damit einhergeht, dass die Betreffenden dazu tendieren, zu viel zu essen. Die Forscher setzten für ihre Untersuchungen eine spezielle Methode ein, den Geschmackstest. Mit diesem Test misst man das Essverhalten in einer kontrollierten Umgebung (Labor) und untersucht, wie sich der Verzehr eines Produkts auf die spätere Beurteilung der Probanden auswirkt. In dem Experiment wurde Versuchspersonen, die sich zu dem Zeitpunkt gerade einer Schlankheitsdiät unterzogen, und anderen, die keine Diät einhielten, entweder etwas Kalorienreiches (z.B. einen Milchshake oder einen Schokoriegel usw.) oder etwas Kalorienarmes (etwa ein trockener Keks) angeboten. Jeder Teilnehmer durfte von dem ihm gereichten Nahrungsmittel soviel essen, wie er wollte. Die verzehrte Menge wurde jeweils registriert. Anschließend bat man die Probanden, verschiedene Speisen (wie Kekse, Speiseeis, Konditorstücke usw.) nach bestimmten Kriterien zu beurteilen: nach der persönlichen Vorliebe, der Süße usw.

Mithilfe dieses Geschmackstests nach dem Verzehr bestimmter Speisen stellten die Wissenschaftler fest, dass die Personen, die gerade auf Diät waren, signifikant größere Mengen zu sich nahmen als die anderen. Dieses Verhalten erklärten sie mit der Theorie von der enthemmenden Wirkung der Einschränkung, mit dem genannten „Ist-mir-doch-egal-Effekt".

Um dieses Phänomen zu veranschaulichen, boten Herman & Mack (1975) zwei Gruppen von Versuchspersonen, von denen die eine gerade eine Diät befolgte, die andere aber nicht, jeweils eine Portion einer kalorienreichen und einer kalorienarmen Speise an. Anschließend unterzogen sie ihre Probanden einem Geschmackstest, bei dem sie wieder essen durften. Es zeigte sich, dass diejenigen, die nicht auf Diät gesetzt waren, weniger aßen, vor allem dann, wenn sie zuvor etwas Kalorienreiches zu sich genommen hatten. Diejenigen jedoch, die gerade eine Schlankheitsdiät befolgten, aßen nach dem Verzehr einer kalorienarmen Speise größere Mengen, und sogar noch größere, wenn sie zuvor etwas Kalorienreiches genossen hatten.

Dieser überraschende Effekt belegt, dass jemand, der eine Diät macht, dazu neigt, übermäßig viel zu essen, und dass dieses Verhalten mit einer Einstellung von Passivität und Ohnmacht sowie dem Verlust der Selbstkontrolle einhergeht.

Ogden & Wardle (1991) haben mit solchen Menschen Interviews geführt. Sie stellten fest, dass viele von ihnen resigniert hatten und den Dingen einfach ihren Lauf ließen. Das äußerte sich in Sätzen, wie: „Es ist mir egal", „ich habe immer gegessen, was mir schmeckt", oder „es ist viel zu anstrengend, mit dem Essen aufzuhören". Außerdem konnten die Forscher beobachten, dass Menschen, die gerade eine Diät machten, auf kalorienreiche Nahrungsmittel heftig und mit Ablehnung und Protest reagierten. Ihre Reaktion konnte jedoch auch in einen übermäßigen Konsum umschlagen. In diesem Fall wollten sich die Betreffenden mit ihrem Verhalten gegen die selbst auferlegten Einschränkungen auflehnen nach dem Motto: „Jetzt ist mir alles egal, ich stopf mich voll!"

Wie sind solche Reaktionen zu erklären? Es wurde vermutet, dass bereits die einfache Tatsache, eine Schlankheitsdiät zu befolgen, die Wahrscheinlichkeit erhöht, zu viel zu essen.

Wardle & Beales (1988) teilten 27 adipöse Frauen in drei verschiedene Gruppen ein und beobachteten sie einige Wochen lang:
* eine Gruppe trieb Sport;
* eine Gruppe befolgte eine Diät;
* die Kontrollgruppe war weder sportlich aktiv noch fastete sie.

In der vierten und in der sechsten Woche unterzogen sich alle Teilnehmerinnen einer Evaluierung ihrer Ernährungsgewohnheiten. Dabei zeigte sich ganz eindeutig, dass die Frauen, die auf Diät gesetzt waren, am meisten Nahrung zu sich nahmen.

Manche sehen in dem übermäßigen Nahrungskonsum während einer Schlankheitsdiät auch ein Mittel, die schlechte Laune zu kompensieren, die durch die Beschränkungen beim Essen ausgelöst wird.

> Polivy & Herman (1999) boten einer Gruppe von Frauen, von denen ein Teil auf Diät gesetzt war, an, nach Lust und Laune zu essen. Ein anderes Mal setzten sie ihnen nur kleine Portionen vor. Es zeigte sich, dass diejenigen, die fasteten, sich nicht zurückhielten, wenn ihnen angeboten wurde, nach Belieben zuzugreifen. Sie tendierten sogar dazu, noch mehr zu essen als zu Diät freien Zeiten. Die Autoren führten dieses Verhalten darauf zurück, dass diese Frauen ihre schlechte Laune auf ihre derzeitige Ernährungsweise zurückführten, vor allem dann, wenn sie gerade hungrig waren. Das Essen stellte für sie demnach eine Art der Kompensation und eine Möglichkeit dar, ihre schlechte Stimmung zu überwinden.

Fazit

Wer eine Diät macht, will zwar abnehmen, doch dabei erlebt er manchmal Phasen, in denen er übermäßig viel Nahrung zu sich nimmt. Das Ziel, Gewicht zu verlieren, wird also mit einer Schlankheitsdiät nicht immer erreicht! Die psychologischen Studien zu diesem Problem werfen ein neues Licht auf Diäten. Diese sollten offenbar neu definiert werden als „ein zum Scheitern verurteilter Versuch abzunehmen" oder als „ein Versuch, weniger zu essen, der manchmal das Verlangen auslöst, mehr zu essen!"

19 Ist ein gebräunter Teint ein Zeichen für Gesundheit?

Bräune und vermutete Gesundheit

Vielleicht hat schon einmal jemand zu Ihnen gesagt: „Du bist ja ganz blass! Du bist doch nicht etwa krank? Geh doch mal ein wenig raus an die Sonne!" Für viele bedeutet nämlich ein gebräunter Teint soviel wie Gesundheit, und blasse Menschen erwecken oft den Eindruck, krank zu sein. Braun gebrannt sind wir zumeist, wenn wir aus dem Urlaub zurückkehren; dann sind wir erholt, entspannt und voller Elan. Wir müssen also gesund sein. Aber ist das auch tatsächlich der Fall? Nicht unbedingt, denn man kann gebräunt und trotzdem krank sein. Und dennoch meinen die meisten Menschen, dass jemand, der braun gebrannt ist, sich auch guter Gesundheit erfreut! Das jedenfalls haben verschiedene Studien ergeben.

In ihrer Untersuchung haben Broadstock et al. (1992) 191 Jugendliche (96 Jungen und 95 Mädchen) von durchschnittlich vierzehn Jahren befragt. Das Material für ihr Experiment bestand aus 32 Fotos, auf denen vier verschiedene Models (2 Frauen und 2 Männer) im Alter von 17 bis 21 Jahren zu sehen waren. Das äußere Erscheinungsbild jedes Fotomodels variierten sie anhand von zwei Kriterien:
* Der Bräunungsgrad (vier Abstufungen): entweder überhaupt nicht, leicht, mittel oder tief gebräunt. Um diese verschiedenen Nuancen zu erzielen, wurden professionelle Make-up-Produkte verwendet.
* Die Kleidung (zwei unterschiedliche Modalitäten): Entweder trugen die Models Freizeitkleidung (Jeans und kurzärmliges Hemd) oder aber Badekleidung (bei den Frauen war es ein einteiliger Badeanzug).

Von jedem Model lagen also insgesamt acht Aufnahmen vor.
Während der Versuchsphase zeigte man den Probanden jeweils fünf Sekunden lang 48 Fotopaare. Jedes Paar bestand aus zwei Models des gleichen Geschlechts, in gleicher Kleidung aber mit unterschiedlichem

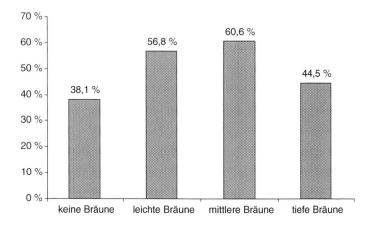

Abb. 3.4 Verteilung (in Prozent) der als gesund empfundenen Models. (Die Autoren machen darauf aufmerksam, dass die Prozentzahlen für die vier Bräunungsgrade zusammen 200 ergeben, da jeweils Paare beurteilt wurden).

Bräunungsgrad. Nach jedem Paar sollten die Versuchspersonen angeben, welche der beiden abgebildeten Personen ihrer Meinung nach gesünder aussah.

Es zeigte sich, dass der Bräunungsgrad den Eindruck von Gesundheit signifikant beeinflusste (Abbildung 3.4). Die Models mit gebräuntem Teint wurden als gesünder eingestuft als die blassen. Außerdem war eine kurvenförmige Relation zwischen diesen beiden Variablen zu beobachten: Bis zu einem mittleren Bräunungsgrad nahm der Eindruck von Gesundheit zu, sank dann bei einem tiefen Braun wieder ab, blieb aber dennoch höher als bei fehlender Bräunung.

Nach Beendigung des Experiments wurden die Probanden gebeten, einen kurzen Fragebogen auszufüllen und anzugeben,

* wie sonnengebräunt sie selbst ihrer Meinung nach zu dem Zeitpunkt gerade waren, und wie braun sie gerne wären (überhaupt nicht, leicht gebräunt, mittel- oder tiefbraun);

* ob ein Mensch mit gebräuntem Teint ihnen gesünder erschien (nie, manchmal, immer);

* und wie ihre eigene Haut reagierte, wenn sie zu Beginn des Sommers zum ersten Mal der Sonne ausgesetzt wurde (mit Sonnenbrand, zunächst verbrannt, aber dann gebräunt, nur gebräunt).

37 Prozent der Versuchspersonen beurteilten ihre eigene Hautfärbung als mittel- bis tief gebräunt, 67 Prozent wünschten sich einen mittleren Bräunungsgrad und 21 Prozent eine tiefbraune Haut. Aber nur 10 Prozent bevorzugten einen leichten Bräunungsgrad, und 2 Prozent gaben an, am liebsten blass zu sein. Die meisten dieser Jugendlichen wünschten sich also einen mittel- bis tiefbraunen Teint, obwohl sie angaben, dass sie sich beim ersten Kontakt mit dem Sonnenlicht einen Sonnenbrand zuzogen. Das heißt, sie zählten zu der Gruppe von Personen mit einem erhöhten Hautkrebsrisiko.

Die Wissenschaftler stellten außerdem fest, dass sich der gewünschte Bräunungsgrad signifikant auf die Beurteilung der Gesundheit der Fotomodelle auswirkte: Die Probanden, die selbst gern tiefbraun gewesen wären, hielten die stark gebräunten Models für gesünder als die anderen. Dieses Ergebnis ist ganz besonders interessant, weil es darauf hindeutet, dass der Wunsch nach Bräune auf das damit verbundene Image zurückzuführen ist.

Auf die Frage, ob ihrer Meinung nach ein gebräunter Mensch gesünder aussehe, antworteten 4 Prozent der Versuchspersonen mit „nie", 78 Prozent mit „manchmal" und 18 Prozent mit „immer". In diesem Punkt tendierten die Jungen signifikant häufiger als die Mädchen dazu, im Bräunungsgrad einen Hinweis für Gesundheit zu sehen.

Fazit

Wenn Sie gebräunt sind, sehen Sie gesünder aus als wenn Sie blass sind. Aber um braun zu werden, muss man sich der Sonne aussetzen. Deshalb liegen so viele Urlauber den ganzen Tag am Strand, nur um später zu Hause ihre wundervoll gebräunte Haut präsentieren zu können. Für einige bildet das sogar die Hauptbeschäftigung in den Ferien! Aber die intensive Sonnenbestrahlung ist für die Haut und die Gesundheit nicht ungefährlich. Lange und im Lauf des Lebens regelmäßig wiederholte Sonnenbäder können die Haut vorzeitig altern lassen und sind ein hoher Risikofaktor für die Entstehung von Hautkrebs. Sie wollen gebräunt aus den Ferien nach Hause kommen und wirklich gesund sein? Nun, dann vergessen Sie die Sonnencreme nicht!

20 Warum sitzen Sie im Bikini und ohne Sonnencreme am Strand beim Picknick, obwohl Sie wissen, dass das schädlich ist?

Sonnenbaden und Risikobewusstsein

Gibt es etwas Besseres für die Gesundheit als ein Sonnenbad im Sommer? Sonne steht für Ferien, Entspannung, Leben. Und die sonnigen Urlaubsziele erfreuen sich nach wie vor großer Beliebtheit. Aber wie soll man sich in der Sonne verhalten?

In einer ersten internationalen Studie, die von der Ligue européenne contre le cancer (Europäischen Liga gegen den Krebs) 2008 durchgeführt wurde, ging es um die Frage, wie sich die Europäer der Sonnenstrahlung aussetzen. In sieben europäischen Ländern (Deutschland, England, Frankreich, Italien, Norwegen, Polen und Spanien) wurden 7.128 Personen im Alter von 16 bis 65 Jahre nach ihrem Wissen und nach ihrem Verhalten befragt. Es zeigte sich, dass sich insbesondere die Franzosen in dieser Frage gut auskennen: 97 Prozent wussten, dass man es vermeiden sollte, in der Zeit von 12 bis 16 Uhr in die Sonne zu gehen, doch nur 74 Prozent hielten sich auch daran. Obwohl die Franzosen gut informiert sind, ist zu beobachten, dass sie sich weniger gegen die Sonne schützen als ihre europäischen Nachbarn: Nur 68

Prozent schützen sich regelmäßig, wenn sie sich der Sonne aussetzen. Bei den Italienern dagegen sind es 80 Prozent und bei den Spaniern 81 Prozent. Ganz allgemein ergab die Umfrage, dass die Nordeuropäer stärker dazu tendieren, sich der Sonne auszusetzen, als die Südeuropäer, und das auch in den Stunden, in denen die Sonne am heißesten brennt. Durchschnittlich 94 Prozent der Europäer verwenden Sonnencreme für den Körper und 84 Prozent schützen damit auch ihr Gesicht. Das Verhalten wird ganz besonders stark durch gewisse stereotype Vorstellungen beeinflusst. So glauben 36 Prozent der Europäer, ein Sonnenbrand begünstige eine einheitliche Bräunung; 44 Prozent meinen, der Besuch im Sonnenstudio sei eine gute Vorbereitung für das Sonnenbaden, und 33 Prozent sind der Ansicht, man müsse sich nicht schützen, wenn die Sonne nicht so intensiv scheint. Bezüglich des Sonnenschutzes wissen die Männer weniger gut Bescheid: 64 Prozent meinen, bei wolkigem Himmel sei die Sonnenstrahlung nicht so gefährlich, und 60 Prozent sind überzeugt, dass die Haut keinen so starken Sonnenschutz mehr benötige, wenn sie bereits häufiger der Sonne ausgesetzt war. Und schließlich glauben 50 Prozent der Männer, in der Frühlingssonne sei ein Sonnenschutz überflüssig.

Bescheid zu wissen, bedeutet aber noch nicht, dass die Betreffenden sich auch tatsächlich wirksam vor der Sonne schützen!

Im Rahmen einer Studie haben Johnson & Lookingbill (1984) eine Gruppe von Personen über die mit der Sonnenstrahlung verbundenen Hautkrebsrisiken und über die Notwendigkeit des Sonnenschutzes informiert. Doch von den 89 Prozent derjenigen, die die ihnen ausgehändigte Broschüre über Hautkrebs gelesen hatten, besorgten sich nur 5 Prozent tatsächlich eine Sonnencreme. In der Studie wurde auch danach gefragt, welche Wirkung sich die Probanden von der Sonnencreme erwarteten. Nur 43 Prozent der Befragten meinten, die Creme würde einen Sonnenbrand verhindern, und 36 Prozent glaubten, sie führe eine intensive Bräunung herbei!

Außerdem war zu beobachten, dass zwischen der geäußerten Einsicht und dem tatsächlichen Verhalten am Strand eine erhebliche

Diskrepanz bestand, d.h. die Leute wissen zwar genau, wie sie sich verhalten müssen, tun es aber nicht.

In einer Umfrage über das Verhalten der Franzosen in der Sonne hatte das nationale Institut für Gesundheit und medizinische Forschung in Frankreich, Inserm (Dore et al., 2006) aufgezeigt, dass sich die Franzosen der mit der Sonnenstrahlung einhergehenden Gefahren bewusst sind. An zehn Stränden Frankreichs wurde jedoch beobachtet, dass ihr Verhalten keineswegs mit dem übereinstimmte, was sie zuvor gesagt hatten:

* 24 Prozent der Befragten hatten behauptet, sich nicht unbekleidet in die Sonne zu begeben, doch nur 15 Prozent der beobachteten Urlauber trugen am Strand ein den Körper bedeckendes Kleidungsstück (morgens und abends);
* 30 Prozent hatten angegeben, in der Sonne meistens einen Hut zu tragen, doch maximal 5 Prozent der beobachteten Personen trugen tatsächlich eine Kopfbedeckung, unabhängig von der Tageszeit;
* 20 bis 54 Prozent hatten behauptet, am Strand im Schatten zu bleiben und sich so vor der Sonne zu schützen, doch in Wirklichkeit begaben sich nur 8 bis 10 Prozent im Laufe des Tages in den Schatten,

Die Diskrepanz zwischen dem Wissen (4 von 10 Franzosen ist klar, dass man es vermeiden sollte, in der Zeit zwischen 12 und 16 Uhr in die Sonne zu gehen) und dem Verhalten erklärt, warum 50 bis 70 Prozent der Hautkrebserkrankungen direkt auf eine übermäßige Sonnenexposition zurückzuführen sind. Jährlich erkranken in Frankreich 4.000–5.000 Menschen, und bei ca. einem Viertel von ihnen endet die Krankheit tödlich.

Fazit

Klischees halten sich lange, ganz besonders dann, wenn es ums Wohlfühlen geht. Wir setzen uns der Sonne aus, weil wir meinen, die Sonne tue uns gut. Deshalb lassen wir uns beim Sonnenschutz lieber von unserem Gefühl leiten und ignorieren das objektive Risiko, das wir damit eingehen.

4

Umwelt und Gesundheit

Inhalt

21 Warum sollte man besser nicht in einem Keller wohnen?

Natürliches Licht und seine Auswirkung auf die Gesundheit

Haben Sie nicht auch schon einmal den Eindruck gehabt, im Sommer leistungsfähiger und besser gelaunt zu sein als im Winter? Und wenn es Herbst wird, haben Sie bestimmt schon Sätze gehört, wie: „Was für ein Wetter! Alles grau in grau. Das schlägt einem ja auf's Gemüt!" Nun, eine solche Feststellung ist keine reine Stammtischpsychologie. Zahlreiche Studien haben belegt, dass Licht und Sonne unsere Stimmung beeinflussen. Die saisonale Depression beispielsweise ist eine Störung, die nur im Herbst und Winter auftritt, und die mit den klassischen Symptomen einer Depression einhergeht. Diese Störung ist auf den Mangel an natürlichem Licht zurückzuführen, da in der dunklen Jahreszeit die Tage kürzer sind und das Sonnenlicht weniger intensiv. Die Symptome lassen sich unter anderem mit einer Lichttherapie mildern, bei der der Patient täglich einem Licht mit sehr hoher Intensität ausgesetzt wird.

Das natürliche Licht beeinflusst aber nicht nur unsere Stimmung, es kann sich auch auf unsere Gesundheit und unser Schmerzempfinden auswirken und dazu beitragen, dass wir uns nach einer Krankheit rascher wieder erholen.

Beauchemin & Hays (1998) haben die Aufnahmeakten einer kardiologischen Intensivstation analysiert. Für ihre Untersuchung berücksichtigten sie nur Patienten, die nach einem ersten Herzinfarkt direkt auf die Intensivstation eingeliefert worden waren, und die während ihres Aufenthaltes auf dieser Station entweder in einem sonnigen, nach Süden gelegenen Zimmer oder einem dunkleren Raum untergebracht waren, dessen Fenster nach Norden wiesen. Im Juni betrug die Lichtstärke in den Nordzimmern morgens zwischen 200 und 400 Lux, wohingegen in den Südzimmern eine Lichtintensität von 1.200 bis 1.300 Lux gemessen wurde. Diese Messungen wurden im November zur Mittagszeit wiederholt und ergaben für die nach Norden gehenden Räume eine Stärke von durchschnittlich 200 Lux, für die südlichen dagegen von 2.500 Lux.

Folgende Patientendaten wurden erfasst: Alter, Geschlecht, Dauer des Aufenthaltes, Überleben oder Tod. Berücksichtigt wurden die Daten von 628 Patienten mit einem durchschnittlichen Alter von 62 Jahren. Sechzig dieser Patienten verstarben spätestens einen Tag nach ihrer Einlieferung auf die Intensivstation, und 568 überlebten ihren Infarkt. Anscheinend wirkte sich die Helligkeit des Krankenzimmers signifikant auf die Sterberate aus: 65 Prozent der verstorbenen Patien-

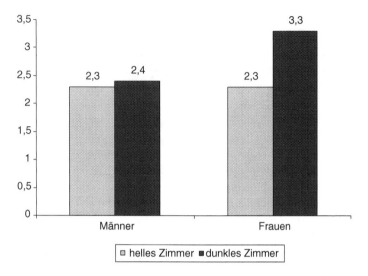

Abb. 4.1   Durchschnittliche Verweildauer (in Tagen) auf der Intensivstation.

ten hatten in einem dunklen Zimmer gelegen und 35 Prozent in einem hellen Raum. Bei den Überlebenden zeigte sich allerdings kein signifikanter Unterschied: 47,9 Prozent waren in einem hellen und 52,1 Prozent in einem dunkleren Raum untergebracht worden. Die mittlere Verweildauer dieser Patienten lag bei 2,46 Tagen. Die Forscher stellten aber fest, dass die Helligkeit des Zimmers die Aufenthaltsdauer beeinflusste. Die in einem hellen Raum liegenden Patienten blieben signifikant kürzer auf der Intensivstation (durchschnittlich 2,3 Tage) als diejenigen in dunkleren Krankenzimmern (durchschnittlich 2,6 Tage). Sie beobachteten allerdings auch einen Zusammenhang zwischen dem Geschlecht der Patienten und der Art des Zimmers: Die Helligkeit verkürzte die Aufenthaltsdauer der Frauen, wirkte sich jedoch bei Männern nicht signifikant aus (Abbildung 4.1).

Die Helligkeit im Zimmer wirkt sich also auf Männer und Frauen unterschiedlich aus.

Diese Studie beweist also, dass Sonnenlicht den Genesungspro-
zess vor allem von Frauen positiv beeinflusst. Erklären lässt sich
dieses Phänomen nach Ansicht der Wissenschaftler damit, dass
Frauen allgemein anfälliger für Depressionen und insbesondere
für saisonale Stimmungsschwankungen sind, bei denen bekanntlich eine Lichttherapie hilfreich sein kann. In einem hellen Krankenzimmer profitierten sie deshalb in gewisser Weise zusätzlich
von einer Lichttherapie, was ihre Stimmung wohltuend beeinflusste und ihrem Gesundheitszustand zugute kam.

Aus jüngerer Zeit (Walch et al., 2005) stammt die erste Studie darüber,
wie sich das natürliche Sonnenlicht auf die Einnahme von Schmerzmitteln nach einem chirurgischen Eingriff auswirkt. Mit dieser Studie sollte herausgefunden werden, in welchem Maß die Helligkeit in
einem Krankenzimmer die psychosoziale Gesundheit, die Menge der
benötigten Schmerzmittel und die Kosten der Schmerzbehandlung beeinflussen kann.

An der Studie nahmen 89 Patienten (43 Männer und 46 Frauen)
mit einem Durchschnittsalter von 59 Jahren teil, die sich einer Operation an der Wirbelsäule oder an der Halswirbelsäule unterzogen hatten.
Die Patienten lagen in gleich großen und gleich ausgestatteten Einzelzimmern, die sich lediglich hinsichtlich der Helligkeit unterschieden
(44 Patienten in hellen und 45 in dunklen Zimmern). Täglich um 9
Uhr 30 und um 15 Uhr 30 wurde die Lichtintensität in jedem einzelnen Patientenzimmer gemessen. Einige der Zimmer galten als dunkler, weil sie im Schatten des Nachbargebäudes lagen und deshalb kein
Sonnenlicht erhielten. Ausschlaggebend für die Zimmerzuteilung war
deren Verfügbarkeit. Am Tag nach der Operation und am Tag der Entlassung füllten die Patienten einen Fragebogen aus. Damit sollten vier
Dimensionen erfasst werden: 1) die Stärke der verspürten Schmerzen
(McGill Pain Questionnaire), 2) die Symptome einer Depression (De-
pressionsskala des Center for Epidemiological Studies, CES-D), 3) der
empfundene Stress (Perceived Stress Scale PSS von Sheldon Cohen et
al.) und 4) die Angst (Profile of Moodes States, POMS). Hinsichtlich
der soziodemographischen Merkmale und der medizinischen Daten

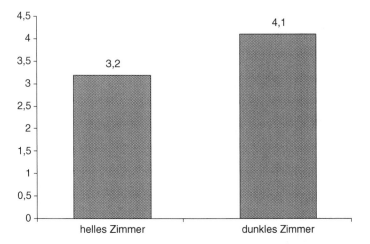

Abb. 4.2 Durchschnittliche Menge der verbrauchten Schmerzmittel (umgerechnet in Morphium mg/h).

vor der Operation bestand kein signifikanter Unterschied zwischen den Patienten beider Gruppen.

Da sich Licht bekanntlich auf die Symptome einer Depression auswirkt, wurden Patienten, die bereits früher einmal unter einer Depression gelitten hatten oder die zum Zeitpunkt der Studie mit Antidepressiva behandelt wurden, nicht berücksichtigt.

Nach der Operation erhielten die Patienten Schmerzmittel nach Bedarf und konnten sich diese am ersten postoperativen Tag auch selbst verabreichen. Die Menge der verbrauchten Analgetika wurde täglich von einer Krankenschwester registriert und anschließend in die entsprechende Menge Morphium umgerechnet.

Die Patienten in den hellen Zimmern genossen durchschnittlich 46 Prozent mehr natürliches Licht am Tag als die anderen. Sie verspürten tendenziell weniger Schmerzen und verbrauchten 22 Prozent weniger Schmerzmittel pro Stunde (Abbildung 4.2). Die Kosten für ihre Schmerzbehandlung lagen deshalb um 21 Prozent niedriger. Mit anderen Worten: die Patienten in den dunklen Krankenzimmern benötigten mehr Analgetika pro Stunde als die in den hellen Räumen.

Die statistische Analyse ergab außerdem, dass dieser Unterschied nicht auf soziodemographische Faktoren oder die medizinische Vorgeschichte der Patienten zurückzuführen war. Die einzige Variable, die einen Einfluss auf die Menge der verbrauchten Schmerzmittel hatte, war das Alter: Je jünger die Patienten waren, umso mehr Analgetika verlangten sie.

Die Kosten für die Schmerzbehandlung betrugen für die Patienten in den hellen Zimmern durchschnittlich 0,23 Dollar in der Stunde, für die in den dunklen Räumen dagegen 0,29 Dollar pro Stunde. Ein helles Krankenzimmer bedeutete also eine mittlere Kostenersparnis von 21 Prozent. Bezogen auf die durchschnittliche Aufenthaltsdauer bedeuten diese Zahlen, dass ein Patient in einem dunklen Zimmer für 3,792 Dollar mehr Schmerzmittel benötigte als sein in einem hellen Zimmer liegender Mitpatient.

Die Angaben zu der psychischen Verfassung ergaben, dass sich die beiden Gruppen hinsichtlich des Schmerzempfindens und des Stresses signifikant unterschieden, nicht aber im Hinblick auf den Grad der Angst und der Depression. Bei der ersten Bewertung am Tag nach der Operation gaben die Patienten beider Gruppen das gleiche Stressniveau an und unterschieden sich auch nicht hinsichtlich der empfundenen Schmerzen. Am Tag der Entlassung zeigten sich dagegen signifikant unterschiedliche Ergebnisse: Die Patienten, die in einem hellen Zimmer gelegen hatten, verspürten signifikant weniger starke Schmerzen als die anderen (Abbildung 4.3). Ihre Schmerzen waren demnach deutlich zurückgegangen.

Außerdem wiesen die Patienten aus den hellen Zimmern wesentlich weniger Stresssymptome auf (Abbildung 4.4). Ihr Stressniveau am Tag der Entlassung war gegenüber dem am ersten Tag ihres Krankenhausaufenthaltes signifikant gesunken. Bei den Mitpatienten, deren Zimmer dunkler gewesen waren, war das nicht der Fall.

Fazit

Dass Licht bei depressiven Zuständen eine wichtige Rolle spielt, ist allgemein bekannt, doch offenbar wirkt es sich generell positiv

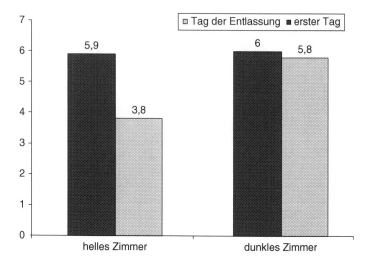

Abb. 4.3   Empfundener Schmerz.

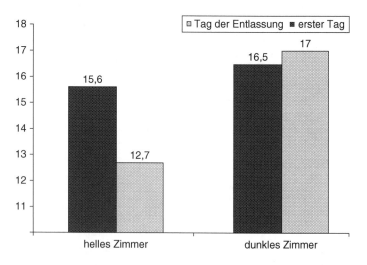

Abb. 4.4   Empfundener Stress.

auf die Gesundheit aus. Also nutzen Sie das Tageslicht! Ziehen
Sie die Vorhänge auf und nichts wie raus an die frische Luft!

22 Warum ist es sinnvoll, einem Kranken Blumen zu schenken?

Natur und ihre Auswirkung auf die Gesundheit

Die meisten Autoren sind sich darin einig, dass die Natur (die
Berge, das Meer oder auch der Wald) ein hohes therapeutisches
Potenzial besitzt und die Genesung eines Patienten unterstützt.
Von ihr geht eine entspannende Wirkung aus (Kaplan, 1995),
die dazu beiträgt, dass wir uns von seelischer Erschöpfung erholen. Diese Zusammenhänge ließen sich in zahlreichen Studien
nachweisen.

Ulrich (1984) hat eine Studie an 46 Patienten (30 Frauen und 16
Männern) durchgeführt, die sich einer Cholezystektomie (d.h. der
operativen Entfernung der Gallenblase) unterziehen mussten. Alle lagen in Doppelzimmern mit Blick auf die Wand des Nachbargebäudes
oder mit Blick auf einen Wald. Die Patienten konnten von ihrem Bett
aus nach draußen schauen. Diese Untersuchung lief von Mai bis Okto-
ber, also in der Jahreszeit, in der die Bäume grün waren. Das Alter der
Patienten lag zwischen 20 und 69 Jahren, sie wiesen keine psychischen
Störungen auf, und die Operation war bei allen komplikationslos
verlaufen. Folgende Daten wurden erhoben: Die Dauer des Krankenhausaufenthaltes (in Tagen), die Menge und Art der benötigten
Schmerzmittel, die Menge und Art der täglich eingenommenen Be-
ruhigungsmittel sowie geringfügigere Beschwerden (Kopfschmerzen,
Übelkeit). Außerdem sollten die Krankenschwestern aufschreiben,
welchen Eindruck sie vom Verhalten und vom Gesundheitszustand der
Kranken hatten. Diese Aufzeichnungen wurden anschließend in zwei
Kategorien eingeteilt: Positiver Eindruck (z.B.: der Patient bewegt sich

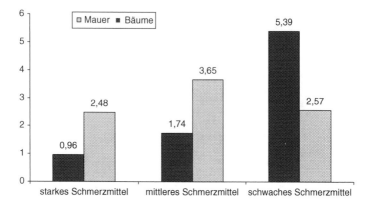

Abb. 4.5 Durchschnittliche Menge der täglich benötigten Schmerzmittel zwischen dem 2. bis 5. Tag nach der Operation.

gut, er ist in guter seelischer Verfassung usw.) und negativer Eindruck
(z.B.: der Patient ist verstört, er weint, braucht Aufmunterung usw.).

Es zeigte sich, dass die Patienten, die auf die Bäume schauen konnten, signifikant kürzere Zeit in der Klinik verweilten (durchschnittlich
7,96 Tage) als die anderen, deren Blick nur auf die Ziegelmauer fiel
(durchschnittlich 8,7 Tage). Und für die Letzteren hatten die Krankenschwestern signifikant häufiger negative Auffälligkeiten notiert (durchschnittlich 3,96) als für die anderen, die einen Ausblick auf die Bäume
hatten (durchschnittlich 1,13).

Wie erwartet stellten die Forscher fest, dass am ersten Tag nach
der Operation beide Gruppen den gleichen Schmerzmittelverbrauch
hatten. Sie vermuteten nämlich, die Patienten stünden zu dem Zeitpunkt noch zu sehr unter dem Einfluss der Medikamente oder hätten
noch zu starke Schmerzen, um dem Blick aus dem Fenster und der
Umgebung draußen Aufmerksamkeit zu schenken. Dagegen zeigten
sich aber in den folgenden vier Tagen signifikante Unterschiede: Die
Patienten, deren Blick auf die Bäume fiel, verbrauchten geringere Do-
sen an starken und mittelstarken Analgetika, dafür aber mehr leichte
Schmerzmittel als ihre Mitpatienten, die nur auf eine Mauer blickten
(Abbildung 4.5).

Und schließlich berichteten die Patienten mit Blick auf die Bäume etwas seltener über geringfügige Beschwerden als die anderen. Der Unterschied war allerdings nicht signifikant.

Ein Krankenzimmer mit Ausblick in die Natur hat also offenbar eine positive therapeutische Wirkung auf die Genesung der Patienten. Aber wie wir alle wissen, geben nicht alle Patientenzimmer in den Krankenhäusern den Blick auf einen Wald oder einen Park frei! Und da ein Krankenhaus nun einmal kein Hotel ist, ist es auch nicht möglich (oder auf jeden Fall sehr schwierig), sich sein Zimmer auszusuchen. Was also soll man tun? Wenn Ihnen ein Klinikaufenthalt bevorsteht, könnten sie sich beispielsweise eine Zimmerpflanze mitnehmen. Denn einigen Untersuchungen zufolge wirken sich Pflanzen ähnlich positiv aus.

Park & Mattson (2009) haben 90 Patienten (43 Männer und 47 Frauen) von durchschnittlich 47 Jahren untersucht, die sich aufgrund einer operativen Entfernung von Hämorrhoiden im Krankenhaus aufhielten. Bei ihrer Ankunft wurden sie alle in Standardzimmern untergebracht. Doch während sie sich im Operationssaal befanden, stellte das Pflegepersonal der Hälfte von ihnen einige Grünpflanzen ins Zimmer. Die andere Hälfte diente als Kontrollgruppe, deren Zimmer ohne Pflanzen blieben.

Die Studie ergab, dass die Patienten mit Pflanzen im Zimmer, in den Tagen nach der Operation weniger unter Schmerzen und Angst litten als die der Kontrollgruppe. Sie empfanden ihr Krankenzimmer auch als signifikant sauberer, komfortabler, gemütlicher, freundlicher, farbiger und ruhiger, und sie waren insgesamt zufriedener als die Patienten in der Kontrollgruppe. Auf die Frage, was an ihrem Zimmer angenehm sei, antworteten die Patienten mit Pflanzen im Zimmer, es seien die Pflanzen (96 Prozent), das helle Sonnenlicht (80 Prozent), die Raumtemperatur (67 Prozent) und das Fernsehgerät (44 Prozent). Die Patienten der Kontrollgruppe nannten die Raumtemperatur (88 Prozent), den Fernseher (86 Prozent), die Sonne (71 Prozent) und die Ruhe (22 Prozent).

Allein die Tatsache, dass in einem Krankenzimmer Grünpflanzen stehen, fördert die Genesung der Patienten. In manchen Fällen sind jedoch Blumen oder Grünpflanzen aus Hygienegründen oder wegen der Gefahr einer bakteriellen Infektion verboten. In solch einem Fall lassen sie sich durch Bilder von Pflanzen oder Blumen ersetzten, denn auch sie können sich positiv auf die Gesundung des Patienten auswirken. Das haben Studien nachgewiesen.

Ulrich et al. (1993) haben untersucht, in welchem Ausmaß Landschaftsbilder die Gesundheit von 166 Patienten beeinflussten, die nach einer Operation am offenen Herzen auf der Intensivstation lagen. Diese Patienten wurden in sechs Gruppen unterteilt:

* Die Patienten der beiden ersten Versuchsgruppen blickten von ihrem Bett aus auf ein Landschaftsbild. Bei den einen (Gruppe 1) war das vorherrschende Motiv Wasser, bei den anderen (Gruppe 2) dominierten Berge.
* Die Patienten der beiden anderen Versuchsgruppen schauten auf ein abstraktes Gemälde (Gruppen 3 und 4).
* Die Gruppen 5 und 6 dienten als Kontrollgruppen, d.h. an der Wand gegenüber ihrem Bett hing weder ein Landschaftsbild noch ein abstraktes Gemälde.

Es stellte sich heraus, dass die Patienten, die auf ein Landschaftsbild, ganz besonders auf eine Wasserlandschaft blickten, nach der Operation signifikant weniger Ängste zeigten und signifikant weniger starke Schmerzmittel verlangten als die der fünf anderen Gruppen.

Fazit

Zu einem Besuch im Krankenhaus nehmen Sie höchstwahrscheinlich einen Blumenstrauß mit. Damit drücken Sie natürlich Ihre Sympathie für den Kranken aus, aber jetzt wissen Sie, dass sich diese Geste auch auf dessen Gesundheit auswirkt und seine Genesung fördern kann.

23 Warum tut bei Stress ein Spaziergang im Park gut?

Grünanlagen und Stress

Kennen Sie das auch? Bei einem Waldspaziergang oder beim Schlendern durch einen Park oder botanischen Garten fühlt man sich gleich wohler, lockerer und entspannter. Haben Sie nicht auch schon einmal den Eindruck gehabt, dass uns einige Minuten in der freien Natur allen Stress und den kleinen Ärger des Alltags vergessen lassen? Ja? Nun, dann gehören Sie wahrscheinlich zu den Menschen, die überzeugt sind, in einer grünen Umgebung Ruhe und Erholung zu finden.

Wie wir im vorigen Kapitel zeigen konnten, trägt die Natur zur Genesung von Kranken bei. Sie kann aber auch unser Wohlbefinden und unseren alltäglichen Stress beeinflussen.

Das jedenfalls hat Ulrika Stigsdotter (2004) nachgewiesen. Sie befragte 584 Arbeitnehmer, um herauszufinden, ob und inwieweit es das Stressniveau beeinflusst, wenn am Arbeitsplatz die Möglichkeit besteht, einen Garten oder einen Park aufzusuchen. Für ihre Umfrage versandte sie einen Fragebogen an Bewohner von neun schwedischen Städten. Schließlich verwertete sie die Daten von 584 Arbeitnehmern, von denen 400 von ihrem Arbeitsplatz aus Zugang zu einem Garten oder einem Park hatten und 184 nicht. In sozioökonomischer Hinsicht unterschieden sich die beiden Gruppen nicht.

Zunächst zeigte sich, dass die Personen, denen an ihrem Arbeitsplatz eine Grünanlage oder ein Park zur Verfügung standen, ein signifikant geringeres Stressniveau aufwiesen als die anderen (Abbildung 4.6).

Um detailliertere Ergebnisse zu erhalten, erstellte Ulrika Stigsdotter aus den gesamten Daten einen Index für das Grün am Arbeitsplatz (*workplace greenery index*). Danach ließen sich die Beschäftigten je nach ihrem Zugang zu einer Grünanlage vier Kategorien zuordnen:

* Zu Kategorie 1 zählten die Arbeitnehmer, die keine Möglichkeit hatten, eine Grünanlage aufzusuchen, und die auch aus ihrem Fenster nicht auf Grün blickten und ihre Pausen nicht im Freien verbrachten.

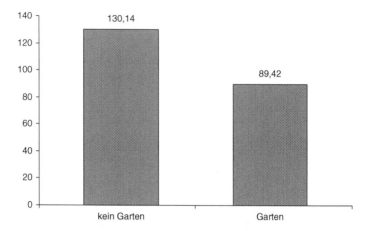

Abb. 4.6   Stressniveau je nach Zugangsmöglichkeit zu einem Garten.

* Zu Kategorie 2 zählten die Arbeitnehmer, die in ihren Arbeitspausen zwar Gelegenheit hatten, einen Garten aufzusuchen, aber nur selten davon Gebrauch machten (weniger als einmal im Monat), und die von ihrem Fenster aus keinen Ausblick auf Grün hatten.

* Zu Kategorie 3 zählten diejenigen, die Zugang zu einem kleinen Garten hatten und dort manchmal ihre Pause verbrachten (einmal wöchentlich oder häufiger), und die außerdem von ihrem Arbeitsplatz aus auf Grün blickten.

* Zu Kategorie 4 zählten diejenigen, die von ihrem Arbeitsplatz aus sowohl auf einen üppigen Garten blickten, als auch die Möglichkeit hatten, ihn aufzusuchen und dort häufiger als einmal in der Woche ihre Arbeitspause verbrachten.

Der Grünindex wirkte sich offensichtlich signifikant auf das Stressniveau aus: bei höherem Grünindex nahm das Stressniveau ab (Abbildung 4.7).

Je leichter die Beschäftigten Zugang zu einer Grünanlage hatten und je regelmäßiger sie diese während ihrer Arbeitspausen aufsuchten, umso niedriger fiel ihr Stressniveau aus. Diejenigen, die ihre Pausen regelmäßig in einem Garten verbrachten, fühlten sich also am wenigsten gestresst, wohingegen diejenigen, denen keine Grünanlage zur Verfü-

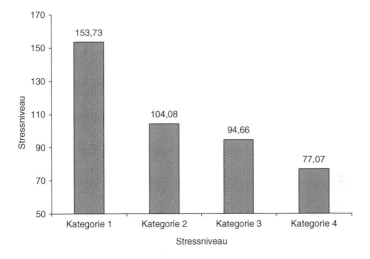

Abb. 4.7 Stressniveau je nach Grünindex am Arbeitsplatz.

gung stand, das höchste Stressniveau aufwiesen. Es lag doppelt so hoch wie bei denen, die sich in ihren Pausen regelmäßig in einer grünen Umgebung erholen konnten (Kategorie 4).

Und schließlich fühlten sich diejenigen, für die eine Grünanlage erreichbar war, ihren eigenen Angaben zufolge signifikant wohler an ihrem Arbeitsplatz und hatten mehr Freude an ihrer Tätigkeit, als jene, die auf diese Möglichkeit verzichten mussten.

Fazit

Sollten Sie also an Ihrem Arbeitsplatz die Gelegenheit haben, ihre Pausen in einem Park oder einem Garten zu verbringen, so zögern Sie nicht länger! Bei Überlastung oder wenn Ihnen die lieben Kollegen auf die Nerven gehen, nichts wie raus. Drehen Sie eine Runde im Park, wonach Sie sich möglicherweise schon wohler und entspannter fühlen!

24 Warum sollte man nicht zu zwölft in einem kleinen Apartment wohnen?

Beengter Wohnraum und Gesundheit

Wahrscheinlich haben sich bei Ihnen auch schon einmal Leute darüber beklagt, ihre Wohnung sei zu klein, nicht jedes Kind habe ein eigenes Zimmer, man trete sich ständig auf die Füße usw. Für diese Situation kennt die Umweltpsychologie zwei Begriffe: die „Wohnraumbelegung" und das *crowding* (das Gefühl, zu dicht aufeinander zu leben). Die Wohnraumbelegung entspricht der Anzahl an Personen, die sich ein Zimmer teilen, und das *crowding* bezeichnet das „mehr oder weniger deutliche Gefühl des Unbehagens, das durch eine Situation der Enge hervorgerufen wird" (Fischer, 1997). Die Dichte lässt sich also objektiv messen, das *crowding* dagegen ist die subjektive Wahrnehmung des Einzelnen von dieser Beengtheit. Diese beiden Begriffe hängen zwar oft, aber nicht systematisch miteinander zusammen: Manch einer fühlt sich in einer Dreizimmerwohnung eingeengt, obwohl er allein darin wohnt, und andere fühlen sich in derselben Wohnung zu sechst ausgesprochen wohl!

Etliche Studien an Erwachsenen und Kindern haben belegt, dass sich die Wohnraumbelegung und das *crowding* schädlich auf die Gesundheit der Betroffenen auswirken können.

Evans et al. (1989) haben deshalb eine Untersuchung in Indien durchgeführt, um festzustellen, inwieweit die Wohnraumbelegung die seelische Gesundheit und den sozialen Zusammenhalt beeinflusst. Die Wohnraumbelegung berechneten sie, indem sie die Anzahl der in einer Wohnung lebenden Personen durch die Zahl der vorhandenen Zimmer dividierten. Außerdem wurden die Bewohner gebeten, zwei Fragen zu beantworten, mit denen ermittelt werden sollte, wie beengt sie ihre Wohnverhältnisse empfanden (*crowding*). Sie sollten angeben, ob ihre derzeitige Wohnung genügend Zimmer habe, und ob sie ihrer Meinung nach für die Bedürfnisse ihrer Familie zu klein sei. Schließlich bat man sie, einen Fragebogen auszufüllen, mit dem verschiedene psychische Störungen sowie der Grad des sozialen Zusammenhalts ermittelt werden sollten.

Evans und Mitarbeiter befragten 175 männliche Familienvorstände. Die gemessene Wohnraumbelegung schwankte zwischen einer einzigen Person, die zwei Zimmer für sich allein zur Verfügung hatte, und elf Personen, die sich einen einzigen Raum teilen mussten. Danach definierten die Autoren der Studie drei Kategorien: geringe Dichte (weniger als 1,6 Personen pro Zimmer), mittlere (1,6 bis 3,25 Personen pro Zimmer) und hohe Dichte (mehr als 3,25 Personen pro Zimmer).

Zunächst stellten sie fest, dass die Menschen, die in einer Wohnung mit hoher Dichte lebten, häufiger angaben, die Anzahl der vorhandenen Zimmer reiche nicht aus (58 Prozent) und die Wohnung sei für ihre Bedürfnisse zu klein (58 Prozent), als jene, die in Wohnverhältnissen mit geringer (jeweils 31 Prozent und 24 Prozent) oder mittlerer Dichte lebten (35 Prozent und 42 Prozent).

Eine Korrelationsanalyse ergab, dass die Wohnraumbelegung signifikant mit der seelischen Gesundheit (r =.20) und dem sozialen Zusammenhalt (r = -.39) korrelierte. Je mehr Personen sich einen Raum teilen mussten, umso schwerwiegender waren die seelischen Störungen (Abbildung 4.8) und umso weniger Unterstützung erhielten die Betreffenden von ihrer Umgebung (Abbildung 4.9).

Die Personen, die in sehr beengten Wohnverhältnissen lebten, wiesen am häufigsten psychische Probleme auf und genossen am wenigsten sozialen Rückhalt.

Die Autoren stießen auch auf ein in der Psychologie klassisches Phänomen, dass nämlich der soziale Rückhalt mit den psychischen Störungen negativ korrelierte (r = -.21): das heißt, je mehr Unterstützung die Menschen von ihrer Umgebung erhielten, umso seltener litten sie unter seelischen Störungen.

Und schließlich konnten sie über eine Regressionsanalyse aufzeigen, dass die seelischen Störungen signifikant mit der Wohnraumbelegung zusammenhingen, wobei Variablen wie „Höhe des Einkommens" und

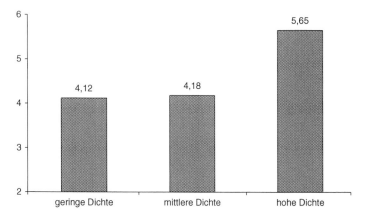

Abb. 4.8   Psychische Störungen.

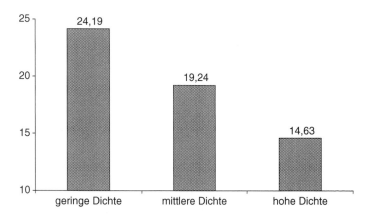

Abb. 4.9   Sozialer Rückhalt.

„Bildungsgrad" zuvor kontrolliert worden waren. Nach der vorherigen Kontrolle der sozialen Unterstützung ergaben die gleichen Analysen allerdings keinen signifikanten Zusammenhang mehr zwischen der

Wohnraumbelegung und den psychischen Beeinträchtigungen. Die Autoren schlossen daraus, dass der soziale Rückhalt für den Zusammenhang von Wohnraumbelegung und dem Auftreten von seelischen Störungen eine wichtige Rolle spielt: die schädlichen Auswirkungen zu hoher Wohnraumbelegung auf die psychische Gesundheit sind zum Teil darauf zurückzuführen, dass unter solchen Bedingungen der soziale Rückhalt nachlässt.

Fazit

Wenn zu viele Menschen auf zu engem Raum zusammenleben, führt das nicht nur dazu, dass sich die Betroffenen eingeengt fühlen und es ihnen an Bequemlichkeit mangelt. Es kann sich auch auf ihre seelische Gesundheit auswirken, weil sie unter solchen Bedingungen beispielsweise einem höheren Stress ausgesetzt sind, unter Angstgefühlen leiden oder pessimistisch in die Zukunft blicken.

25 Warum sollte ein Patient im Krankenhaus stets Ohropax dabei haben?

Lärm und seine Auswirkung auf die Genesung im Krankenhaus

Falls Sie schon einmal als Patient im Krankenhaus lagen, haben Sie möglicherweise festgestellt, dass es in Kliniken im Allgemeinen recht laut zugeht. Den Empfehlungen der Weltgesundheitsorganisation zufolge sollte der Lärmpegel in einem Krankenhaus tagsüber 35 Dezibel und in der Nacht 30 Dezibel nicht überschreiten. Doch die meisten Untersuchungen zu diesem Thema haben ergeben, dass diese Grenzen sehr häufig nicht eingehalten werden (Rashid & Zimring, 2008): Der Geräuschpegel liegt im Allgemeinen zwischen 45 und 68 Dezibel und erreicht gelegentlich Höchstwerte von 90 Dezibel.

Aus zahlreichen Studien ging hervor, dass sich Lärm in einer Krankenhausumgebung ganz besonders schädlich auswirkt, vor allem weil er bei den Patienten zu Schlafstörungen führt. Deshalb hat man untersucht, wie Lärm den Schlaf von Patienten auf Intensivstationen beeinflusst.

Ugras & Oztekin (2007) haben 84 Patienten einer neurochirurgischen Intensivstation nach den Faktoren befragt, die ihren Schlaf beeinträchtigten. 79 Prozent dieser Patienten gaben an, Schlafstörungen zu haben. Als Hauptgründe dafür nannten sie den Umstand, sich nicht bewegen zu dürfen (63,6 Prozent), die Schmerzen (59,1 Prozent), den Lärm auf der Station (57,6 Prozent) und die Angst vor den Operationsergebnissen (56,1 Prozent). Der Lärm (57,6 Prozent) und das während der ganzen Nacht brennende Licht (47 Prozent) waren die beiden Umweltfaktoren, die den Schlaf dieser Intensivpatienten am stärksten störten, gefolgt von der Raumtemperatur (30,3 Prozent fanden es im Zimmer zu kalt, 16,7 Prozent zu warm) und unangenehmen Gerüchen (21,2 Prozent),

Doch nicht nur Patienten auf Intensivstationen beklagen sich über Lärm. Andere Untersuchungen ergaben, dass sich auch die Patienten verschiedener anderer Klinikbereiche durch einen zu hohen Geräuschpegel in ihrem Schlaf gestört fühlen.

Simpson et al. (1996) befragten 97 Patienten (75 Männer und 22 Frauen) im Alter von 35 bis 86 Jahren, die gerade eine Herzoperation überstanden hatten. Sie interessierten sich dafür, welche Umweltfaktoren möglicherweise den Schlaf dieser Patienten beeinflussten. Deshalb baten sie sie, auf einer zehn Zentimeter langen Skala mehrere Aspekte anzugeben, die ihren Schlaf betrafen: Wie lange hatten sie geschlafen, wie oft waren sie in der Nacht aufgewacht, hatten sie sich am Morgen ausgeschlafen gefühlt usw.? Bei der Antwort konnten die Werte jeweils zwischen 0 und 10 variieren. Außerdem wurde den Patienten eine Liste mit 35 Umweltfaktoren (24 davon waren Lärmquellen) vorgelegt, von denen man annahm, dass sie den Schlaf beeinträchtigen. Die Patienten sollten auf einer Skala von 0 (überhaupt nicht) bis vier (außerordentlich stark) angeben, ob der jeweilige Faktor vorhanden war und wie sehr sie sich dadurch gestört fühlten.

Die Ergebnisse erbrachten Folgendes: Die Patienten hatten im Schnitt 5,2 Stunden pro Nacht geschlafen, waren häufig aufgewacht (der mittlere angegebene Wert lag bei 6,7 von 10), fühlten sich am Morgen mittelmäßig ausgeruht (mittlerer Wert 4,7) und gaben an, dass ihr Schlaf von mittlerer Qualität gewesen sei (mittlerer Wert 4,8). Außerdem zeigte sich, dass mehrere der genannten Umweltfaktoren signifikant mit der Qualität des Schlafes korrelierten. Der Lärm stand an vierter Stelle der den Schlaf störenden Faktoren nach der Tatsache, dass die Patienten beim Einschlafen nicht ihrer gewohnten Routine folgen konnten, dass sie in einer unbequemen Stellung liegen mussten und unter Schmerzen litten. Aus den Krankenberichten über die Patienten ging außerdem hervor, dass auch die Tatsache, nicht im eigenen Bett zu schlafen sowie die Angst den Schlaf negativ beeinflusst hatten. Die Patienten gaben an, am stärksten durch folgende Geräusche beim Schlafen beeinträchtigt worden zu sein: durch das Knarren des Bettes, durch das Quietschen der vom Pflege- und Reinigungspersonal benutzten Wagen, durch Gespräche auf dem Gang, durch die Toilettenspülung und Schritte, durch das Öffnen und Zuschlagen von Türen sowie durch Geräusche, die das Pflegepersonal verursachte.

Diese Studie hat nachgewiesen, dass Patienten nach einer Herzoperation unter Schlafstörungen litten und dass einer der Hauptgründe hierfür der sie umgebende Lärm war.

Nun lassen sich allerdings Faktoren wie das Liegen in einer unbequemen Stellung, Schmerzen, Angst oder auch die Tatsache, sich nicht in seiner vertrauten Umgebung zu befinden, schwer beeinflussen. Dafür ist es aber durchaus möglich, etwas zu unternehmen, um die Lärmquellen zu dämpfen. So könnte man beispielsweise Schall isolierende Materialien verwenden, um den Geräuschpegel zu senken, und die Beleuchtung müsste auch nicht so hell sein. Eine Untersuchung hat gezeigt, dass sich die negativen Auswirkungen des Lärms durch einige räumliche Vorkehrungen reduzieren lassen.

Hagerman et al. (2005) haben untersucht, wie sehr die Genesung von Herzpatienten in einer Klinik durch Lärm beeinflusst wurde. Dazu befragten sie 94 Patienten (57 Männer und 37 Frauen) im Alter von durchschnittlich 67 Jahren, die sich aufgrund der Diagnose Herzinfarkt (39 Patienten), stabiler Angina Pectoris (44 Patienten) oder instabiler Angina Pectoris (11 Patienten) in stationärer Behandlung befanden. Bei diesen Patienten wurden Tag und Nacht (im Schnitt 17 Stunden lang) die physiologischen Werte gemessen (Herzrhythmus, Veränderungen des Herzrhythmus', Blutdruck, Puls). Außerdem bat man sie, einen Fragebogen zur Qualität der Pflege und ihres Klinikaufenthaltes auszufüllen.

Um die Auswirkungen des Lärms auf die Gesundheit dieser Patienten zu beurteilen, veranlassten die Wissenschaftler einige äußere Veränderungen an den Patientenzimmern und den Schwesternräumen. Ihre Studie verlief in zwei Phasen von jeweils vier Wochen Dauer. Während der ersten Phase waren die Decken der Patienten- und Schwesternzimmer mit Platten verkleidet worden, die Geräusche reflektierten. 31 Patienten, die unter diesen ungünstigen Bedingungen in der Klinik untergebracht waren, bildeten die Gruppe „schlechte akustische Bedingungen". In der zweiten Phase ihrer Untersuchung wurden die Deckenplatten durch andere ersetzt, die zwar gleich aussahen, aber den Schall besser absorbierten. Nach diesem Umbau verringerte sich der Geräuschpegel um ungefähr sechs Dezibel. Die Gruppe der unter „guten Bedingungen" untergebrachten Patienten umfasste 63 Personen.

Im Hinblick auf die soziodemographischen und medizinischen Merkmale unterschieden sich die Patienten beider Gruppen nicht.

Die Messung der physiologischen Daten ergab für den Herzrhythmus, die Veränderlichkeit des Herzrhythmus sowie für den Blutdruck keinen signifikanten Unterschied zwischen den Patienten, ungeachtet der Tatsache, ob diese in Zimmern mit guten oder ungünstigen akustischen Bedingungen lagen. Allerdings wurde ein signifikanter Unterschied in der nächtlichen Pulsfrequenz bei den Patienten festgestellt, die sich aufgrund einer instabilen Angina Pectoris oder eines Infarkts in der Klinik befanden. Der Puls war bei denen, die in Räumen mit schlechten akustischen Bedingungen lagen, signifikant höher als bei jenen, die unter guten akustischen Bedingungen untergebracht waren. Dieser Unterschied war bei Patienten mit stabiler Angina Pectoris nicht festzustellen. Offenbar wirkte sich Lärm also auf die Patienten besonders schädlich aus, die am schwersten erkrankt waren.

Außerdem war die Rate der nach drei Monaten erneut in die Klinik eingewiesenen Patienten bei denen, die den schlechten akustischen Bedingungen ausgesetzt waren, signifikant höher (48 Prozent) als bei den anderen (21 Prozent). Und schließlich beurteilten die Patienten in den ruhigeren Zimmern ihre medizinische Betreuung und das Verhalten der Ärzte und Pfleger besser als die Patienten in den lauteren Zimmern. Außerdem gaben sie an, seltener durch Geräusche aus dem Schlaf gerissen worden zu sein.

Fazit

Bei Ihrem nächsten Krankenhausaufenthalt sollten Sie daran denken, Ohropax mitzunehmen! Denn eine Studie hat gezeigt (Hu et al., 2010), dass Lärm und Licht den Schlaf von Patienten auf einer Intensivstation zwar beeinträchtigen, dass sich diese schädlichen Auswirkungen aber ganz leicht mithilfe von Ohrenstöpseln und einer Schlafmaske reduzieren lassen. Die Qualität des Schlafes wird dadurch eindeutig verbessert.

5

Umgang mit Schmerz

Inhalt

26 Warum ist die Behandlung beim Zahnarzt weniger schmerzhaft, wenn dabei Musik läuft?

Musik und ihre Auswirkung auf die Schmerzempfindung

Haben wir Schmerzen, so suchen wir verzweifelt nach einem Mittel, uns von ihnen zu befreien. Meist greifen wir dann zur Schmerztablette. Es gibt aber auch noch andere Möglichkeiten, sie zu bekämpfen. Einige Ansätze in der kognitiven Psychologie raten dazu, die Aufmerksamkeit von der Schmerzquelle abzulenken, denn je mehr wir etwa an unser Bauchweh denken, umso heftiger empfinden wir den Schmerz und umso weniger geht er vorüber. Ebenso ist es Ihnen bestimmt auch schon einmal passiert, dass Sie einen Schmerz einfach vergessen haben, nur weil Sie etwas Fesselndes zu tun hatten oder in ein wichtiges Gespräch verwickelt waren. Ja? Nun, dann haben Sie das Wesentliche bereits verstanden.

In Studien zu diesem Thema sollte herausgefunden werden, mit welchen nichtmedikamentösen Mitteln sich Schmerzen am effizientesten mildern lassen. Dabei galt das Hauptinteresse dem Einfluss der Musik. In verschiedenen Untersuchungen ging man der Frage nach, inwieweit Musik das Schmerzempfinden mildern kann.

So haben erst vor kurzem Mitchell et al. (2008) versucht zu ergründen, wie sich Musik auf das Schmerzempfinden auswirkt. An der Studie nahmen 80 Versuchspersonen (36 Männer und 44 Frauen) im Alter von 15 bis 38 Jahren teil (das Durchschnittsalter lag bei 21 Jahren). Sie sollten sich einem Eiswassertest unterziehen, d.h. ihre Hand so lange wie möglich in einen Eimer mit eiskaltem Wasser tauchen.

Gemessen wurde bei jedem Teilnehmer:

* die Schmerztoleranzgrenze, d.h. die Zeit (in Sekunden) zwischen dem Eintauchen der Hand in das Eiswasser und dem Augenblick, in dem der Betreffende sie wieder herauszog;
* die Intensität des Schmerzes, die mithilfe einer Skala von 0 (kein Schmerz) bis 10 (stärkster vorstellbarer Schmerz) ermittelt wurde.

Es stellte sich heraus, dass Musik tatsächlich eine positive Wirkung ausübt.

Bei der Toleranzgrenze hat man festgestellt, dass die Versuchspersonen ihre Hand signifikant länger im eiskalten Wasser ließen, wenn sie dabei ihre Lieblingsmusik hörten (176 Sekunden). War es dagegen still im Raum, hielten sie es nur 138,9 Sekunden lang aus.

Bei der Schmerzintensität (Abbildung 5.1) gaben die Probanden an, einen signifikant schwächeren Schmerz verspürt zu haben, wenn ihre Lieblingsmusik lief.

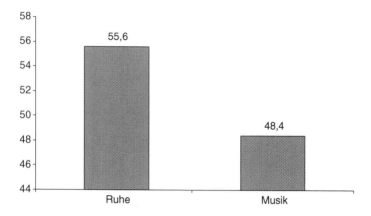

Abb. 5.1   Schmerzintensität.

Insgesamt belegen diese Ergebnisse, dass Musik nicht nur Schmerz und Angst mildern kann, sondern sogar die Schmerztoleranzgrenze anhebt.

Die Ergebnisse dieser Studie bestätigten also, dass Musik das Schmerzempfinden und die Schmerztoleranzgrenze positiv beeinflusst. Es handelte sich hier allerdings um eine im Labor erzeugte experimentelle Situation, in der der Schmerz zu Forschungszwecken künstlich hervorgerufen worden war.

Wie aber sieht es in der Realität aus? Stellt sich dieser positive Effekt auch unter realen Bedingungen ein?

Voss et al. (2004) haben untersucht, ob sich Musik bei Patienten nach einer überstandenen Operation am offenen Herzen positiv auf den Schmerz und die Angst auswirkt. Patienten berichten in einer solchen Situation häufig, dass sie trotz der verabreichten Medikamente unter mäßigen bis starken Schmerzen und Angstzuständen leiden.

Voss und Kollegen untersuchten in ihrer Studie 61 Patienten (64 Prozent Männer und 36 Prozent Frauen) im durchschnittlichen Alter von 63 Jahren, die nach einem chirurgischen Eingriff am offenen Herzen in Einzelzimmern auf der Intensivstation lagen. Alle Patienten, die in drei Gruppen eingeteilt worden waren, wurden am ersten Tag nach der Operation befragt:

* Gruppe „Entspannungsmusik": die 19 Patienten in dieser ersten Gruppe hörten dreißig Minuten lang eine entspannende Musik (ohne Text, Schlagzeug oder rasche Rhythmen), die sie sich zuvor aus sechs Vorschlägen ausgesucht hatten;

* Gruppe „Ruhe im Sitzen": die 21 Patienten in dieser Gruppe wurden gebeten, eine halbe Stunde lang mit geschlossenen Augen sitzen zu bleiben und sich auszuruhen;

* „Kontrollgruppe": die 21 Patienten in der Kontrollgruppe blieben 30 Minuten lang sitzen und konnten dabei ihren gewohnten Tätigkeiten nachgehen.

Mithilfe zweier Skalen von 0 (keine Angst/kein Schmerz) bis 10 (stärkste Angst/stärkster vorstellbarer Schmerz) erfassten die Forscher die Schmerzen der Patienten und ihre Angst.

Im Gegensatz zu den Patienten der Kontrollgruppe, deren Schmerz- und Angstniveau unverändert blieb (kein signifikanter Unterschied zwischen vorher und nachher), zeigte sich, dass bei den Patienten, die Entspannungsmusik gehört oder sich still ausgeruht hatten, Schmerz und Angst signifikant zurückgingen. Außerdem verspürten die Patienten, die der Entspannungsmusik 30 Minuten lang gelauscht hatten, signifikant weniger Angst (Abbildung 5.2) und Schmerzen (Abbildung 5.3) als diejenigen, die sich nur in aller Stille ausgeruht hatten oder als die Patienten der Kontrollgruppe. Zwar gaben die Patienten, die sich in Ruhe entspannt hatten, an, durchschnittlich etwas weniger Angst und Schmerz zu verspüren als die der Kontrollgruppe, doch fielen diese Unterschiede nicht signifikant aus.

Die Patienten, denen entspannende Musik vorgespielt worden war, wiesen 72 Prozent weniger Angst und 57 Prozent weniger Schmerz auf als die der Kontrollgruppe; ihre Angst fiel jedoch auch um 59 Prozent und ihr Schmerz um 51 Prozent geringer aus als bei den Patienten, die mit geschlossenen Augen ruhig gesessen hatten. Aus diesen Ergebnissen schlossen die Forscher, dass sich Musik ausgesprochen positiv auf Angstgefühle und das Schmerzempfinden auswirkt. Sie erklärten diese Wirkung damit, dass die Musik die Aufmerksamkeit der Patienten

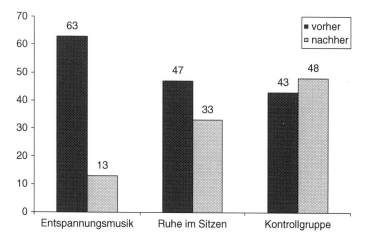

Abb. 5.2 Durchschnittliche Angstwerte.

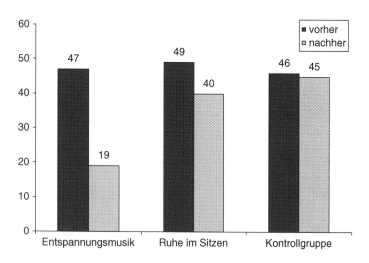

Abb. 5.3. Durchschnittliche Schmerzwerte.

ablenkte und diese sich auf etwas anderes konzentrierten als auf ihren Gesundheitszustand und den Schmerz.

Diese Ergebnisse bestätigen, dass sich Musik positiv auf die Angst und das Schmerzempfinden von Patienten auswirkt, die sich einer Operation am offenen Herzen unterzogen hatten. Auch andere Studien ergaben, dass Musik postoperative Schmerzen (Good et al., 1999), Schmerz bei Krebserkrankungen (Beck, 1991) oder sogar chronische Schmerzzustände (Schorr, 1993) lindern kann.

Doch jeder Mensch empfindet solche Schmerzen unterschiedlich stark und unterschiedlich lange. Deshalb interessierte es einige Forscher, wie sich Musik bei einem sehr heftigen, aber zeitlich begrenzten Schmerz auswirkt, nämlich beim Geburtsschmerz. Aus Studien ging hervor, dass 40 bis 60 Prozent der gebärenden Frauen unter der Geburt äußerst starke Schmerzen verspürten (Melzack, 1993), und dass die verabreichten Schmerzmittel bei 40 Prozent von ihnen keine ausreichende Erleichterung herbeiführten (Ranta et al., 1995).

Phumdoung & Good (2003) haben untersucht, in welchem Ausmaß es den Schmerz lindern konnte, wenn die Gebärenden während der Geburt Musik hörten.

An ihrer Studie nahmen 110 gesunde Frauen im Alter von 20 bis 30 Jahren teil. Alle Teilnehmerinnern erwarteten ihr erstes Kind, waren zuvor weder allgemeinmedizinisch noch psychiatrisch behandelt worden, und bei allen hatte sich der Fötus gut entwickelt. Bei allen erfolgte die Geburt zum berechneten Termin auf natürliche Weise (nicht durch geplanten Kaiserschnitt), und keine der Frauen hatte vor dem Experiment Schmerzmittel verabreicht bekommen.

Jede Frau sollte auf einer zehn Zentimeter langen Skala von 0 (kein Schmerz) bis 10 (stärkster vorstellbarer Schmerz) angeben, wie stark ihre Schmerzen waren (durch die Wehen ausgelöste Bauch- und Rückenschmerzen). Die Forscher ermittelten das jeweilige Schmerzniveau

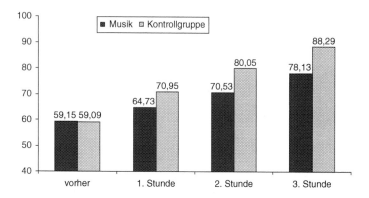

Abb. 5.4   Durchschnittliche Schmerzwerte.

viermal: bei der Ankunft auf der Geburtsstation (bevor die Wehen einsetzten), und dann stündlich während der ersten drei Stunden der Geburt, also nach der ersten, zweiten und dritten Stunde).

Der Hälfte dieser 110 Frauen wurde angeboten, während der Geburt entspannende Musik zu hören. Die anderen bildeten die Kontrollgruppe. Der Versuch startete mit Einsetzen der Geburtsphase, d.h. als der Muttermund drei bis vier Zentimeter geöffnet war und die Wehen im Abstand von dreißig bis sechzig Sekunden erfolgten. Zu diesem Zeitpunkt setzten die Frauen der Versuchsgruppe Kopfhörer auf und bekamen die Musik zu hören, die sie sich zuvor ausgesucht hatten. Nur zwei der Frauen aus der Kontrollgruppe verlangten in dieser Studie schmerzstillende Mittel.

Die Frauen, die die Möglichkeit hatten, Musik zu hören, erklärten später, weniger Schmerzen verspürt zu haben als diejenigen aus der Kontrollgruppe.

Bei ihrer Ankunft auf der Geburtsstation hatten die Frauen beider Gruppen ein gleich hohes Schmerzniveau angegeben (Abbildung 5.4). Im Verlauf des Gebärprozesses steigerte sich der Schmerz natürlich bei allen, aber weniger rasch bei denen, die Musik hörten. Während der ersten drei Stunden der Wehen verspürten die Frauen, die Musik hörten, signifikant weniger Schmerzen als die der Kontrollgruppe, und das bei jeder Messung (1., 2. und 3. Stunde). Offenbar nahmen die Schmerzen bei jenen, die Musik hörten, langsamer zu.

Nach Abschluss der Studie gaben 98 Prozent der Frauen aus der Versuchsgruppe an, die Musik habe ihnen geholfen: 63 Prozent meinten, die Musik habe ihnen in Maßen oder sehr geholfen, die anderen erklärten, die unterstützende Wirkung sei nur gering gewesen. Nur einige wenige sagten, die Musik oder der Kopfhörer hätten sie gestört.

Fazit

Aus all diesen Untersuchungen geht hervor, dass Musik nicht nur das Schmerzempfinden senkt, sondern auch die mit Schmerzen einhergehenden Gefühle der Angst und Verzweiflung (Mitchell & McDonald, 2006) mindert. Mit Musik lässt sich Schmerz auf preiswerte, ungefährliche und leichte Art reduzieren (McCaffery, 1992). Zögern Sie also nicht: Wenn Ihnen etwas weh tut, legen Sie Ihre Lieblings-CD auf!

27 Warum tut Fluchen gut, wenn man sich mit dem Hammer auf den Daumen geschlagen hat?

Fluchen und seine Auswirkung auf die Schmerzempfindung

Wir alle kennen das. Es passiert etwas Unangenehmes, Ärgerliches, Unvorhergesehenes oder wir tun uns weh, treffen etwa mit dem Hammer nicht den Nagel, sondern unseren Daumen, oder stoßen uns an der Tischkante usw. und unwillkürlich entfährt uns ein Fluch. Viele von uns reagieren so ganz spontan, obwohl ein solches Verhalten nicht als ganz salonfähig gilt. Schärfen wir unseren Kindern nicht immer wieder ein: „Man darf keine schlimmen Wörter sagen!" Außerdem gilt Fluchen als eine dem Schmerz nicht angemessene Reaktion. Und doch haben einige Untersuchungen gezeigt, dass das Fluchen unser Schmerzempfinden reduzieren und die Schmerztoleranz erhöhen kann.

Stephens et al. (2009) wollten in einem Experiment nachweisen, dass das Fluchen eine ganz spontane Reaktion ist, die bei Schmerz jedoch nicht hilft. Ihrer Meinung nach führte das Fluchen zu einer Herabsenkung der Schmerztoleranzgrenze und zu einer Steigerung der Schmerzintensität.

An ihrer Studie waren 67 Studenten beteiligt (38 Männer und 29 Frauen). Das Durchschnittsalter lag bei 21 Jahren. Die Probanden mussten sich mehrmals hintereinander einem Eiswassertest unterziehen, also ihre nicht dominante Hand in einen Eimer mit eiskaltem Wasser eintauchen und sie möglichst lange darin lassen. Dabei sollten sie entweder immer wieder fluchen oder ein neutrales Wort aussprechen. Die beiden Wörter, die jeder Student während des Experiments von sich geben sollte, wurden folgendermaßen bestimmt: Jeder Proband nannte dem Versuchsleitern zuvor fünf Ausdrücke, die er normalerweise verwendete, wenn er sich mit dem Hammer auf den Daumen schlug. Gewählt wurde das erste Schimpfwort. Nach dem gleichen Prinzip bestimmte man auch die neutralen Begriffe. Jeder Student sollte fünf Wörter nennen, mit denen sich ein Tisch beschreiben ließ. Die Wahl fiel dann auf den Begriff, der an gleicher Stelle genannt wurde wie zuvor das Schimpfwort.

Danach maßen die Wissenschaftler mehrere Indikatoren:

* die Schmerztoleranzgrenze, d.h. die Zeit (in Sekunden) zwischen dem Eintauchen der Hand in das Eiswasser und dem Augenblick, in dem der Proband seine Hand wieder herauszog;
* die Intensität des verspürten Schmerzens, gemessen auf einer Schmerzskala;
* den Herzrhythmus (eine erste Messung erfolgte im Ruhezustand vor Beginn des Experiments).

Entgegen den Erwartungen der Forscher zeigte sich, dass sich das Fluchen positiv auf das Schmerempfinden auswirkte. Die Probanden

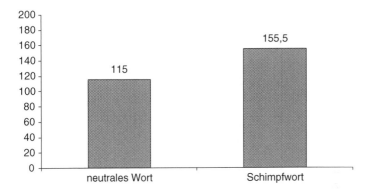

Abb. 5.5 Schmerztoleranzgrenze (in Sekunden).

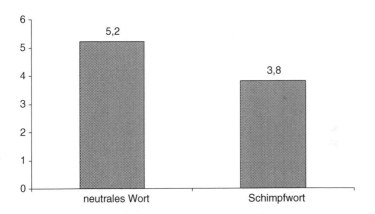

Abb. 5.6 Intensität des verspürten Schmerzes.

konnten ihre Hand signifikant länger in dem eiskalten Wasser lassen, wenn sie fluchten anstatt ein neutrales Wort von sich zu geben (Abbildung 5.5).

Außerdem erklärten die Versuchspersonen, auch signifikant weniger Schmerz zu verspüren, wenn sie fluchten (Abbildung 5.6):

Diese Studie zeigte, dass ein kräftiger Fluch bei Schmerzen tatsächlich hilfreich sein kann. Und obwohl diese Untersuchung im Labor stattfand und der Schmerz für die Zwecke des Experiments künstlich provoziert wurde, kann man sich vorstellen, dass sich derselbe Effekt auch in einer realen Situation einstellt. Wenn Sie sich also das nächste Mal an der Tischkante stoßen, fluchen Sie ruhig, auch wenn Sie sich dadurch die missbilligenden Blicke ihrer Umwelt zuziehen. Sie können guten Gewissens erklären, dass Fluchen ein ganz natürliches Mittel gegen den Schmerz ist!

28 Wussten Sie, dass es weniger weh tut, wenn Ihnen jemand aus Versehen auf den Fuß tritt, als wenn es absichtlich geschieht?

Absicht und ihre Auswirkung auf das Schmerzempfinden

Wenn ein anderer Ihnen absichtlich weh tut, spüren Sie einen stärkeren Schmerz, als wenn er es aus Versehen tut. Auch wenn der rein physische Tatbestand in beiden Fällen absolut der gleiche ist, verändern offenbar psychologische Aspekte der jeweiligen Situation Ihre Schmerzwahrnehmung. Denn, wer Sie absichtlich verletzt, will Ihnen ausdrücklich Schmerzen zufügen, und das führt dazu, dass Sie den Schmerz stärker empfinden.

Zwei Forscher von der Harvard-Universität (Gray & Wegner, 2008) haben sich einen Versuchsrahmen ausgedacht, um die Hypothese zu überprüfen, dass ein absichtlich zugefügter Schmerz heftiger empfunden wird als ein unabsichtlich verursachter. An ihrer Studie nahmen 43 Probanden teil. Sie sollten verschiedene Aufgaben am Computer ausführen, etwa Farben einander zuordnen oder Zahlen schätzen. Unter anderem sollten sie auch bewerten, wie unangenehm sie eine bestimmte Aufgabe fanden, denn bei einigen Aufgaben wurde ihnen für eine Millisekunde ein elektrischer Schlag von 40–75 Volt versetzt, was als sehr unangenehm eingestuft wurde. Anschließend sollten die Versuchspersonen auf einer Skala von 0 (überhaupt nicht unangenehm) bis 7 (sehr unangenehm) angeben, wie sie den Stromschlag empfunden hatten. Um einen Referenzwert zu erhalten, musste jeder Proband bereits vor Beginn des eigentlichen Experiments sagen, wie unangenehm ein solcher Stromstoß für ihn war.

Bei ihrem Eintreffen im Labor wurde jeder Versuchsperson ein Partner für das Experiment zugewiesen. Dabei handelte es sich um einen Mitarbeiter des Versuchsleiters.

Bei jedem Versuch sah der Proband auf dem Bildschirm zwei Aufgaben, und sein Partner im Nebenraum entschied, welche der beiden er ausführen musste. Die Alternativen waren auf dem Bildschirm zu sehen, so dass der Proband darüber Bescheid wusste. Die Versuche, bei denen die Stromstöße mit zur Auswahl standen, interessierten die Forscher am meisten. Sie unterschieden zwei Versuchsbedingungen:

* die Bedingung „Absicht", d.h. der Mitarbeiter wählte jedes Mal die unangenehme Aufgabe, sobald diese auf dem Bildschirm erschien;
* die Bedingung „keine Absicht", d.h. er entschied sich nicht für die unangenehme Aufgabe. Allerdings wurde dem Probanden gesagt, dass er aufgrund eines technischen Problems leider doch die unangenehme Aufgabe ausführen müsse, obwohl sie sein „Partner" nicht gewählt habe.

Nach zwei „neutralen" Versuchsdurchgängen, bei denen sich die Probanden mit dem Versuchsablauf vertraut machen konnten, folgten drei experimentelle. Es zeigte sich (Abbildung 5.7), dass die Versuchspersonen in diesen drei experimentellen Durchgängen signifikant stärkere Schmerzen empfanden, wenn der „Partner" die Stromstöße absichtlich versetzte, und nicht, weil ein technischer Fehler aufgetreten war und die Stöße also unabsichtlich erfolgten.

Außerdem war festzustellen, dass der Schmerzgrad bei den unabsichtlich zugefügten Stromschlägen progressiv abnahm, was andere

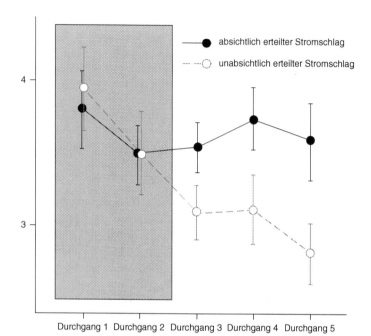

Abb. 5.7 Intensität des verspürten Schmerzes in Abhängigkeit davon, ob er als absichtlich oder unabsichtlich zugefügt wahrgenommen wurde.

Forschungsergebnisse bestätigte, wonach der Mensch sich an Schmerz gewöhnt. Wurde dagegen der Schmerz absichtlich zugefügt, blieb das Schmerzempfinden gleich. Das lässt vermuten, dass in diesem Fall keine Gewöhnung eintrat und die Probanden den Schmerz jedes Mal neu verspürten.

Fazit

Dieses Experiment bestätigt, dass nicht allein die körperlichen Erfahrungen ausschlaggebend dafür sind, wie wir einen Schmerz empfinden, sondern dass auch der jeweilige psychologische Kontext eine Rolle spielt. Deshalb wird ein absichtlich zugefügter Schmerz als intensiver empfunden als ein unabsichtlich verursachter. Außerdem geht aus der Studie hervor, dass man sich an einen unabsichtlich hervorgerufenen Schmerz gewöhnen kann und ihn schließlich als weniger intensiv empfindet. Dieser Effekt tritt beispielsweise bei gewissen chronischen Schmerzen ein. Ist jedoch der Schmerz die Folge einer absichtlich zugefügten Verletzung, bleibt die Schmerzintensität unverändert.

29 Warum tut es Ihnen weh, wenn Sie sehen, wie ein anderer sich verletzt?

Empathischer Schmerz

Sie haben sicherlich auch schon einmal den Blick abgewandt, als Sie sahen, wie sich jemand verletzte? Oder die Augen geschlossen, wenn es im Horrorfilm zu blutig zuging oder jemand mit der Kreissäge zerstückelt wurde? Vielen Menschen fällt es nämlich schwer, andere leiden zu sehen. Wenn wir mit ansehen, wie ein anderer sich verletzt, kann das bei uns eine Reaktion der Empathie und des Mitleidens auslösen. Verschiedene Studien haben gezeigt, dass derartige Situationen bei manchen Menschen sogar tatsächlich das Gefühl bewirken können, selbst unter Schmerzen zu leiden.

> Osborn et al. (2010) haben deshalb die Hypothese aufgestellt, dass allein schon die Beobachtung von Verletzungen und Schmerzen anderer bei normalen Menschen das Gefühl auslösen kann, selbst Schmerzen zu empfinden. Um das zu beweisen, führten sie zwei einander ergänzende Studien durch.

An der ersten Untersuchung waren 108 Probanden (27 Männer und 81 Frauen) beteiligt, die keine psychischen Störungen aufwiesen. Jede Versuchsperson wurde gebeten, sich am Computer sieben Bilder und drei Videoclips anzusehen. Unter den Bildern waren Aufnahmen von Sportlern, die sich verletzt hatten oder gestürzt waren (ein Athlet, der sich das Bein brach, der Sturz eines Radrennfahrers usw.), sowie Fotos von Verletzungen an Gliedmaßen (ausgekugelte Gelenke, Verrenkungen usw.). Auf den Videos war zu sehen, wie einer Person eine Spritze in die Hand verabreicht wurde, wie ein Tennisspieler umknickte und ein Fußballer sich das Bein brach.

Nach jeder Darbietung mussten die Probanden angeben, ob sie beim Betrachten Schmerzen empfunden hatten oder nicht. Wenn ja, sollten sie zwei Schmerzskalen ausfüllen:

* auf einer zehn Zentimeter langen Skala sollten sie die Stärke des von ihnen verspürten Schmerzes von 0 (kein Schmerz) bis 10 (stärkster vorstellbarer Schmerz) eintragen;
* und sie sollten den McGill Schmerzfragebogen ausfüllen, der fünfzehn Beschreibungen von Schmerz sowie die Darstellung von Vorder- und Rückseite eines menschlichen Körpers enthält. Auf diesen Abbildungen sollten sie anzeigen, an welcher Stelle sie den Schmerz empfanden und wie stark dieser war.

Die Probanden sollten außerdem angeben, wie unangenehm und Ekel erregend sie die Bilder fanden und inwieweit sie bei ihnen Traurigkeit oder Angst auslösten. Anschließend maßen die Forscher den Grad an Empathie mit der Person, die sich auf den Bildern oder in den Videos verletzte.

31 der 108 Versuchspersonen erklärten, sie hätten beim Betrachten von mindestens einem der insgesamt zehn Bilder und Videos Schmerz verspürt. Und alle lokalisierten ihren Schmerz an derselben Stelle wie die Verletzung auf dem jeweiligen Bild. Die Schmerzdauer beschrieben sie als sehr kurz (wenige Sekunden).

Das Bild, auf dem sich der Sportler das Bein brach, löste bei den meisten empathischen Probanden den heftigsten Schmerz aus. Das Foto vom stürzenden Radrennfahrer hingegen provozierte am seltensten Schmerz, der zudem als schwach empfunden wurde.

Die Wissenschaftler beobachteten auch, dass die Intensität des verspürten Schmerzes weder mit dem Grad der Empathie noch mit dem Alter oder dem Geschlecht korrelierte. Außerdem stellten sie fest, dass es keine Rolle spielte, wie Ekel erregend, beängstigend, traurig oder unangenehm die Bilder empfunden wurden. Und schließlich gestanden ihnen viele Probanden, dass sie nicht in der Lage seien, Spiel- oder Dokumentarfilme anzuschauen, in denen Bilder von schrecklichen Ereignissen oder brutale Szenen vorkommen, weil sie dabei selbst Schmerzen verspüren.

Für ihre zweite Studie baten Osborn und Kollegen 20 Versuchspersonen, ein funktionelles MRT machen zu lassen: Zehn von ihnen hatten zuvor auf die gezeigten Bilder mit Schmerz reagiert (empathische Probanden), die anderen zehn nicht (nicht empathische Probanden). Die Versuchspersonen wurden gemäß ihrem Empathiegrad zwei Gruppen zugeteilt.

Während der MRT-Aufnahme wurde den Versuchspersonen eine Folge von 28 Bildern gezeigt: sieben Bilder von Personen, die sich verletzten oder offensichtlich Schmerzen hatten, sieben undeutliche Bilder von sich verletzenden oder unter Schmerzen leidenden Personen, sieben Bilder mit emotionsgeladenem Inhalt und sieben neutrale Bilder, die nicht an das Gefühl appellierten. Nach jedem Bild sollten die Probanden angeben, ob und wie stark sie beim Betrachten selbst Schmerz verspürt hatten und wie unangenehm sie die Abbildungen fanden.

Es zeigte sich, dass bei den Probanden, die beim Betrachten von abgebildeten Verletzungen mit Empathie reagierten, die für Schmerz zuständigen Regionen im Gehirn stärker aktiv waren als bei den nicht empathischen Versuchsteilnehmen. Bilder von Verletzungen aktivieren also die Hirnregionen, die an der Entstehung von Emotionen beteiligt sind. Die Forscher stellten außerdem eine Aktivität in den sensorischen Hirnbereichen fest, d.h. in den Teilen, die mit der körperlichen Empfindung von Schmerz in Verbindung gebracht werden. Letzteres war nur bei den empathischen Probanden der Fall. Sie verspürten offensichtlich tatsächlich physische Schmerzen, wenn sie Bilder von Verletzungen sahen.

Fazit

Mit diesem Experiment konnte nachgewiesen werden, dass manche Menschen tatsächlich einen körperlichen Schmerz verspüren, wenn sie mit ansehen, wie sich ein anderer verletzt.

Wenn also ein Freund zu Ihnen sagt: „Ich leide wirklich mit dir!", so bezeugt er damit möglicherweise nicht nur sein Mitgefühl und seine Unterstützung. Vielleicht gehört Ihr Freund ja zu den Menschen, die tatsächlich selbst Schmerzen empfinden, wenn sich ein anderer verletzt, und es kann durchaus sein, dass er wirklich mit Ihnen leidet.

6

Placeboeffekt

Inhalt

30 Warum hilft ein Himbeersaft bei Kopfschmerz genau so gut wie ein Aspirin?

Placeboeffekt

Sie haben bestimmt schon vom Placeboeffekt gehört. Darunter versteht man das Phänomen, dass eine völlig wirkstofffreie Substanz einen therapeutischen Nutzen zeigt, obwohl das eigentlich gar nicht möglich ist. Doch da die Patienten nicht wissen, dass es sich um ein Placebo handelt, verspüren sie unter Umständen die gleiche positive Wirkung wie bei einem echten Medikament, d.h., ihre Symptome bessern sich tatsächlich, obwohl das von ihnen eingenommene Arzneimittel gar keinen pharmakologischen Wirkstoff enthielt.

In zahlreichen medizinischen und psychologischen Untersuchungen wurde nachgewiesen, dass ein Placebo sowohl bei Gesunden als auch bei Kranken zur Linderung verschiedener Symptome beiträgt. In den meisten dieser Studien ging es um die Wirkung eines Placebos auf die Schmerzempfindung.

So haben Montgomery & Kirsch (1996) eine Untersuchung an 56 gesunden Studenten (24 Männer und 32 Frauen) im Alter von 18 bis 23 Jahren durchgeführt. Sie wollten feststellen, ob ein Placebo eine betäubende Wirkung haben und zu einer Verringerung eines genau lokalisierten Schmerzes führen kann.

Ihren Probanden teilten sie mit, Ziel ihrer Studie sei es, ein neues Lokalanästhetikum zu testen, mit dem sich Schmerzen reduzieren ließen. In Wirklichkeit handelte es sich aber um ein völlig wirkstofffreies Placebo, das überhaupt keine betäubende Wirkung haben konnte. Den Probanden wurde außerdem mitgeteilt, das Mittel sei bereits an anderen Universitäten getestet worden und habe sich bewährt. Zur Schmerzerzeugung bediente man sich in diesem Experiment einer Vorrichtung, mit der mittels eines 900 Gramm schweren Gewichts der Zeigefinger der Probanden gequetscht wurde. Jede Versuchsperson streckte dem Versuchsleiter ihre beiden Zeigefinger entgegen, dieser rieb einen davon mit dem angeblichen Wirkstoff ein (Versuchsbedingung: „Placebo"), der andere blieb unbehandelt (Versuchsbedingung: „ohne Placebo"). Um die schmerzstillende Wirkung der Salbe zu prüfen, wurden beide Finger eine Minute lang dem Schmerz auslösenden Stimulus ausgesetzt: Bei der Hälfte der Probanden erfolgte der Stimulus simultan, d.h. beide Finger wurden gleichzeitig gequetscht, bei der anderen Hälfte geschah dies nacheinander. Unmittelbar anschließend mussten die Probanden einen Fragebogen ausfüllen, mit dem erfasst werden sollte, wie stark sie den Schmerz in ihren Fingern empfunden hatten. Auf einer Skala von 0 bis 10 sollten sie eintragen, wie heftig der

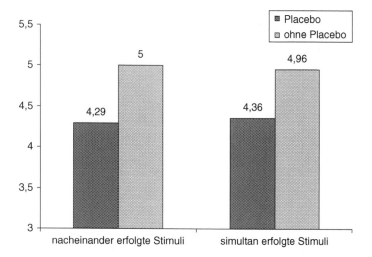

Abb. 6.1 Intensität des verspürten Schmerzes.

Schmerz gewesen war und wie unangenehm sie das Quetschen empfanden.

Die Versuchspersonen beider Gruppen, also sowohl diejenigen, bei denen der Schmerz simultan ausgelöst worden war, als auch die anderen, bei denen der Stimulus nacheinander erfolgt war, erklärten, der Schmerz in dem Finger, der zuvor mit dem Placebo eingerieben worden war, sei geringer und weniger unangenehm gewesen als in dem unbehandelten (Abbildung 6.1).

Die Unterscheidung zwischen „nacheinander erfolgten" und „simultanen" Stimuli war den Autoren der Studie wichtig, um zu sehen, ob der Placeboeffekt eher auf einen globalen oder einen spezifischen Mechanismus zurückzuführen war. Ein globaler Effekt bedeutet, dass bei Verabreichung eines Placebos eine Veränderung in der allgemeinen Schmerzwahrnehmung des Körpers zu beobachten ist, wohingegen das Placebo bei einem spezifischen Mechanismus nur zu einer veränderten Sensibilität in einem bestimmten Körperteil führt. Da sich der Placeboeffekt auch unter der Versuchsbedingung „simultan erzeugter Stimulus" einstellte, d.h. da die Probanden den Schmerz in dem Finger, der zuvor mit dem Placebo behandelt worden war, als geringer wahrgenommen hatten, schlossen die Autoren, dass es sich um eine spezifische Wirkung handelte.

Mit dieser Studie konnte gezeigt werden, dass ein Placebo eine Verringerung des Schmerzes bewirken kann und dass sich diese Wirkung in dem behandelten Körperteil einstellt. Andere Untersuchungen konnten den gleichen Effekt auch bei anderen Symptomen nachweisen, etwa bei Stress, Schlafstörungen oder Migräne. Sogar bei chirurgischen Eingriffen am Bewegungsapparat ließ sich ein Placeboeffekt belegen.

In einer Studie untersuchten Moseley et al. (2002), wie wirksam eine Arthroskopie bei der Behandlung einer Arthritis im Knie tatsächlich ist (im Englischen spricht man bei entzündlichen Veränderungen an Gelenken auch von *Osteoarthritis*). Deshalb teilten sie den 180 Patienten, die sich bereit erklärt hatten, an der Studie teilzunehmen, mit, sie würden einer der drei folgenden Gruppen zugeteilt:

* bei einer ersten Gruppe sollte eine Arthroskopie mit Gelenkspülung durchgeführt werden;
* bei einer zweiten Gruppe würde eine Arthroskopie mit Debridement erfolgen (d.h. mit teilweiser oder vollständiger Entfernung des infizierten Materials und teilweiser oder vollständiger Resektion der Schleimhaut);
* bei einer dritten Gruppe würde nur zum Schein eine Arthroskopie vorgenommen.

Bei dem vorgetäuschten chirurgischen Eingriff simulierte der Chirurg die Operation, damit der Patient ahnungslos blieb. Er setzte die Hautschnitte und manipulierte das Knie genauso wie bei einer echten Operation.

Alle Patienten litten unter einer schweren Gelenkentzündung und ständigen Schmerzen, die trotz einer mehr als sechsmonatigen Behandlung nicht zurückgingen. Bei keinem von ihnen war in den beiden zurückliegenden Jahren eine Gelenkspiegelung vorgenommen worden.

Nach der Operation wurden die Patienten 24 Monate lang begleitet, um zu beobachten, wie sich ihre Schmerzen und ihre Beweglichkeit entwickelten. Der Schmerz wurde mithilfe mehrerer medizinischer Skalen erfasst. Zur Beurteilung der Bewegungsfähigkeit zog man zum einen die Selbsteinschätzung der Patienten heran, und zum anderen zwei körperliche Tests, mit denen sich die Beweglichkeit objektiv messen ließ. Dabei handelte es sich um einen Gehtest, bei dem gemessen wurde, in welcher Zeit die Patienten eine Strecke von dreißig Metern zurücklegten, sowie um einen Treppensteigtest, bei dem gemessen wurde, wie schnell die Patienten eine Treppe hinauf und wieder herunter steigen konnten. Diese Indikatoren wurden ein erstes Mal vor der Operation gemessen und sieben Mal danach: nach zwei und sechs Wochen sowie erneut nach drei, sechs, zwölf, achtzehn und vierundzwanzig Monaten. Außerdem baten die Forscher ihre Patienten, zu raten, welcher Gruppe sie wohl zugeteilt worden waren. Zwei Wochen nach der Operation vermuteten lediglich 13,8 Prozent der Patienten, bei denen der Eingriff nur zum Schein durchgeführt worden war, dass sie dieser Gruppe angehörten, aber 13,2 Prozent der Patienten, bei denen tatsächlich eine Gelenkspiegelung vorgenommen worden war, meinten, es sei nur eine vorgetäuschte Operation gewesen.

Die Ergebnisse fielen höchst überraschend aus. Bei der Schmerzlinderung stellten die Forscher keinen signifikanten Unterschied zwischen den drei Gruppen fest. Die Patienten, deren Knie nur scheinbar operiert worden war, verspürten eine ebenso große Erleichterung wie die tatsächlich Operierten. Das Interessanteste aber war die Beweglichkeit. Denn auch in dieser Hinsicht zeigten die Patienten, die tatsächlich arthroskopiert worden waren, keinerlei Verbesserung im Vergleich zu den anderen, bei denen man den Eingriff nur simuliert hatte. Langfristig war das Ergebnis sogar umgekehrt: In den beiden Bewegungstests (Laufen und Treppensteigen) erzielten die Patienten, bei denen eine Operation nur vorgetäuscht worden war, bei den sieben postoperativen Kontrollen stets niedrigere Werte als vor der Operation. Das beweist, dass sich ihre Beweglichkeit verbessert hatte. Bei den Patienten, die eine echte Arthroskopie mit Gelenkspülung oder Debridement hinter sich hatten, zeigte sich zwar nach sechs Wochen und nach drei und sechs Monaten ebenfalls eine Verbesserung, doch nach einem Jahr verschlechterte sich ihre Beweglichkeit wieder. Ihre Werte lagen nach zwölf, achtzehn und vierundzwanzig Monaten höher als am Anfang.

Fazit

Wie man sieht, kann auch ein Placebo äußerst wirksam sein und die Gesundheit von Patienten tatsächlich beeinflussen. Aber wie kommt es dazu? Für die Erklärung des Placeboeffekts gibt es mehrere Vermutungen. Einige meinen, es seien psychologische Mechanismen dafür verantwortlich, etwa die Erwartungen, die der Patient in die Behandlung setzt, die Reduzierung von Angst, der Glaube oder möglicherweise Konditionierung und Lernen. Darauf können wir hier jedoch nicht im Einzelnen eingehen. Andere wiederum vermuten die Ursache in neurobiologischen Vorgängen. Einige Studien haben beispielsweise nachgewiesen, dass zwischen der schmerzlindernden Wirkung eines Placebos und bestimmten neurobiologischen Prozessen bei der Schmerzbehandlung ein Zusammenhang besteht. Mithilfe der bildgebenden Verfahren in der Medizin, etwa der Magnetresonanztomografie (MRT) oder der Positronen-Emissions-Tomografie (PET) konnte gezeigt werden, dass ein Placebo genau wie ein Opiat die Aktivität jener Hirnareale verändert, die an der Schmerzempfindung beteiligt sind (Petrovic et al., 2002, Wagner et al., 2004).

Diese verschiedenen Ansätze erklären jeweils aus spezifischer Blickrichtung die komplexen Vorgänge, die beim Auftreten des Placeboeffekts eine Rolle spielen. Für dieses erstaunliche Phänomen sind aber offenbar sowohl biochemische Prozesse im Gehirn als auch psychologische Faktoren verantwortlich.

31 Ist ein Generikum weniger wirksam als das Original?

Markenpräparate und Placebo

Wenn Sie mit einem Rezept vom Arzt in die Apotheke kommen, haben Sie meistens die Wahl zwischen dem Original des verord-

Tabelle 6.1   Verteilung der Probandinnen auf die Versuchsgruppen.

	Placebo	Schmerzmittel
Generikum		
regelmäßiger Gebrauch	102	110
unregelmäßiger Gebrauch	107	105
Markenprodukt		
regelmäßiger Gebrauch	107	109
unregelmäßiger Gebrauch	99	96

neten Medikaments oder einem gleichwertigen Generikum. Obwohl beide genau die gleichen Wirkstoffe enthalten, ziehen doch viele Kunden das Markenprodukt vor, weil sie es für wirksamer halten. Aber ist das auch tatsächlich der Fall? Vom chemischen oder medizinischen Standpunkt aus betrachtet, nein, denn die Wirkstoffzusammensetzung ist in beiden Fällen gleich. Unter psychologischen Gesichtspunkten erweist sich der Markenartikel manchmal dennoch als wirksamer.

Das jedenfalls haben Branthwaite & Cooper (1981) in einer Studie an 835 Frauen festgestellt, die regelmäßig mindestens einmal im Monat ein Mittel gegen Kopfschmerzen einnahmen. Sie wurden nach zwei Kriterien in vier Gruppen eingeteilt (Tabelle 6.1):

* danach, ob sie regelmäßig (428 Frauen) oder unregelmäßig (407 Frauen) das Medikament einnahmen, das auch in der Studie eingesetzt wurde. Es handelte sich dabei um die gängigste Aspirinmarke;
* danach, ob sie während der Studie ein echtes Schmerzmittel erhielten (420 Frauen) oder ein Placebo (415 Frauen); beide Tablettenarten sahen absolut gleich aus (Form, Farbe, Größe, Gewicht).

Jede Frau erhielt also mehrere Tabletten, bei denen es sich entweder um das Schmerzmittel einer bestimmten Marke oder um ein Generikum, bzw. um Placebos mit oder ohne Markennamen handelte. Den Frauen wurde gesagt, in der Studie gehe es darum, Kopfschmerztab-

Tabelle 6.2 Schmerzlinderung je nach Gruppe (Durchschnittswerte). (*Die als Exponenten stehenden Buchstaben geben die signifikanten Abweichungen für die Hauptwirkungen an*).

	Placebo	Schmerzmittel	
Markenprodukt	2,18	2,7	2,44[c]
Generikum	1,78	2,48	2,13[d]
	1,98[a]	2,59[b]	

letten verschiedener Marken zu testen. Alle Frauen waren angewiesen worden, in den folgenden zwei Wochen bei Kopfschmerzen jeweils zwei Tabletten zu schlucken und die Gesamtzahl der verbrauchten Tabletten sowie die Stärke des Kopfschmerzes zu notieren. Außerdem sollten sie dreißig Minuten und eine Stunde nach der Einnahme der Tabletten auf einer sechsstufigen Skala (von „schlimmer" bis „vollkommen schmerzfrei") eintragen, wie das Mittel gewirkt hatte.

Dabei stellte sich heraus, dass ein markenloses Placebo in 73 Prozent der Fälle und eine Placebo mit Markennamen in 78 Prozent Erleichterung verschaffte. Eine echte markenlose Schmerztablette dagegen half in 87 Prozent der Fälle, und ein Markenprodukt bei 89 Prozent. Halten wir also fest, dass ein Placebo unabhängig davon, ob Markenprodukt oder nicht, in über 70 Prozent aller Fälle den Kopfschmerz linderte, obwohl es doch überhaupt keinen Wirkstoff enthielt.

Aus den Antworten der Probandinnen errechneten die Autoren schließlich einen Wert für die Schmerzlinderung: Dieser lag zwischen „-1" (schlimm) und „4" (vollkommen schmerzfrei). Es zeigte sich vor allem (Tabelle 6.2), dass im Schnitt alle Tabletten den Schmerz reduziert hatten, sowohl die echten Kopfschmerzmittel als auch die Placebos. Und das galt sowohl für die Markenprodukte als auch für die namenlosen Produkte. Die Ergebnisse wiesen aber auch darauf hin, dass nur die Hauptwirkungen der beiden Variablen signifikant ausfielen. So erbrachten die echten Schmerztabletten eine signifikant stärkere Schmerzlinderung (2,59) als die Placebos (1,98), ungeachtet der Tatsache, ob es sich um das Markenprodukt handelte oder sein Generikum. Aber außerdem erwies sich das Markenprodukt als signifikant wirksamer (2,44) als das Generikum (2,13), ganz gleich, ob es

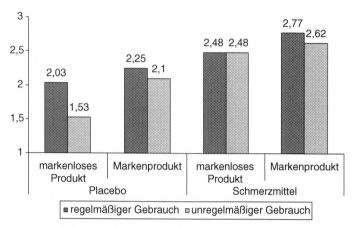

Abb. 6.2   Schmerzlinderung je nach Gruppe (Durchschnittswerte).

sich dabei um ein tatsächlich wirksames Medikament handelte oder um ein Placebo.

Schließlich verglichen die Autoren die Frauen, die regelmäßig das Medikament der betreffenden Marke verwendeten, mit denen, die gewöhnlich zu einer anderen Tablette griffen. Es stellte sich heraus (Abbildung 6.2), dass die Frauen, denen man ein Markenprodukt gegeben hatte, eine signifikant stärkere schmerzlindernde Wirkung verspürten, wenn sie im Normalfall auch dieses Produkt nahmen (2,51), als die anderen, die normalerweise eine andere Tablette schluckten (2,14). Dabei spielte es keine Rolle, ob die Tablette einen Wirkstoff enthielt oder nicht.

Außerdem zeigte sich, dass bei den an eine Marke gewöhnten Frauen die Schmerzlinderung signifikant stärker ausfiel, wenn sie eine echte Tablette ihrer Marke eingenommen hatten (2,77) und nicht ein Generikum gleicher Qualität (2,48). Der gleiche Effekt war bei den Placebos zu beobachten: Ein Placebo der bekannten Marke wirkte signifikant besser (2,25) als ein namenlosen Produkt (2,03). Die Autoren erklären sich das mit der Erwartungshaltung: Möglicherweise lag der Grund für diese Wirkung darin, dass die Frauen mit dem Medikament eine bestimmte Erwartung verbanden, weil sie wussten, dass die Tabletten dieser Marke ihnen normalerweise Schmerzlinderung verschafften.

Von den Frauen, die das Markenprodukt nicht regelmäßig einnahmen, spürten jene, die ein Placebo mit Markennamen geschluckt hatten, eine signifikant deutlichere Schmerzerleichterung als die anderen, die ein namenloses Placebo erhalten hatten.

Diese Studie hat also bewiesen, dass sich Kopfschmerzen besser bekämpfen lassen, wenn man weiß, dass es sich bei der eingenommenen Tablette um ein Markenprodukt handelt. Und das galt sowohl für echte Schmerzmittel als auch für Placebos. Außerdem stellte sich heraus, dass der Markenname nicht nur für diejenigen Konsumenten eine Rolle spielte, die normalerweise immer zu dieser Tablette griffen, sondern auch für diejenigen, die das Mittel noch nicht kannten. Den Autoren zufolge könnte das darauf zurückzuführen sein, dass es sich in diesem besonderen Fall um die bekannteste Marke für Kopfschmerztabletten handelte.

Fazit

Aus dieser Studie geht hervor, dass der Markenname eines Medikaments einen ziemlich starken Einfluss auf dessen Wirksamkeit haben kann. Die Konsumenten halten im Allgemeinen ein Markenmedikament für wirksamer als sein Generikum, und dieser Effekt kann sich tatsächlich auch einstellen. Das hat nichts mit den chemischen Eigenschaften des Arzneimittels zu tun, sondern mit psychologischen Faktoren in Zusammenhang mit der Erwartung, die mit dem betreffenden Mittel verbunden ist. Sollte Ihnen Ihre Apotheker das nächste Mal ein Generikum anbieten, dann denken Sie an diese Studie!

32 Stimmt es, dass ein teures Medikament auch besser wirkt?

Preis und Placeboeffekt

Haben Sie nicht auch schon einmal geglaubt, ein teures Arzneimittel müsse auch wirksam sein? Oder anders herum, ein sehr viel preiswerteres Mittel wirke vielleicht nicht so gut? In Studien konnte tatsächlich nachgewiesen werden, dass der Preis eines Medikaments dessen Wirksamkeit beeinflussen kann. Und das sogar dann, wenn es sich lediglich um ein Placebo handelte.

Waber et al. (2008) haben untersucht, ob die Wirkung eines Medikaments durch seinen Preis beeinflusst wird. Sie gingen davon aus, dass der Preis die Erwartung der Patienten bestimmen kann. An ihrer Studie waren 80 gesunde Personen (29 Männer und 51 Frauen) beteiligt. Ihnen wurde gesagt, dass es in der Untersuchung um ein neues Schmerzmittel gehe. In Wahrheit erhielten alle Probanden die gleiche Tablette, und die war ein Placebo. Der Hälfte der Teilnehmer teilten die Forscher mit, der Normalpreis dieses Medikaments liege bei 2,50 Dollar pro Tablette, den anderen sagten sie, der Preis sei auf 0,10 Dollar pro Tablette gesenkt worden. Um die schmerzlindernde Wirkung dieser Pillen zu prüfen, verabreichten die Wissenschaftler ihren Probanden Elektroschocks am Handgelenk. Die Stärke dieser Stromstöße wurde jedes Mal um 2,5 Volt erhöht und steigerte sich von anfangs 0 Volt bis zur Toleranzgrenze. Die Stromschläge wurden zweimal verabreicht: ein erstes Mal ohne Tablette und ein zweites Mal nach Einnahme des Placebos. Anschließend sollten sie bei jedem Schock auf einer zehn Zentimeter langen Skala angeben, wie stark der Schmerz jeweils gewesen war. Danach subtrahierte man den Wert nach der Einnahme des Placebos vom Ausgangswert und bildete aus den Differenzen für jeden Probanden einen Mittelwert. Dieser endgültige Wert gab an, wie stark sich die Schmerzwahrnehmung nach der Einnahme des Placebos verändert hatte.

Im Lauf dieser Untersuchung erhielt jeder Proband durchschnittlich 18,4 Elektroschocks. Deren Stärke variierte je nach Versuchsperson von 25–80 Volt. Der mittlere Wert lag bei 53,4 Volt. Es zeigte sich vor allem, dass die Mehrheit der Probanden (73 Prozent) angab, sie hätten weniger starke Schmerzen verspürt, nachdem sie die Pille geschluckt hatten. Es sei daran erinnert, dass es sich dabei um ein Placebo handelte. Das bedeutet, dass 73 Prozent der Versuchspersonen erklärten, nach der Einnahme eines vermeintlichen Schmerzmittels, das aber in

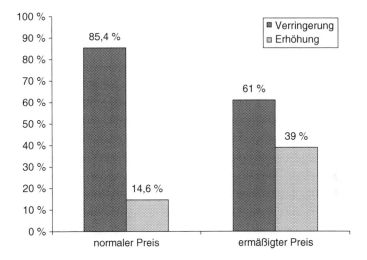

Abb. 6.3 Veränderung in der Schmerzwahrnehmung je nach Preis der Tablette.

Wirklichkeit völlig wirkungslos war, geringere Schmerzen verspürt zu haben! Es war allerdings ein signifikanter Unterschied zwischen den beiden Gruppen festzustellen (Abbildung 6.3): 85,4 Prozent der Probanden, die eine Tablette mit normalem Preis erhalten hatten, gaben an, ihr Schmerz habe nachgelassen, bei den anderen, die eine billige Pille geschluckt hatten, waren es dagegen nur 61 Prozent. Die gleichen signifikanten Effekte beobachteten die Forscher, als sie nur die mittleren Werte bei den stärksten Stromschlägen betrachteten.

Abbildung 6.4 zeigt die mittlere Differenz (vor und nach der Einnahme des Placebos) der Schmerzwerte nach jedem Elektroschock.

Zunächst einmal war festzustellen, dass der Schmerz bei den Probanden, die ein Placebo zu normalem Preis bekommen hatten, signifikant stärker zurückging, als bei denen, deren Placebo wesentlich preiswerter gewesen war: Dieser Effekt war bei den Stromstärken von 27,5 Volt, 30 Volt, von 35 bis 75 Volt und 80 Volt besonders deutlich zu sehen. Außerdem lagen fast alle Werte im positiven Bereich, was bedeutet, dass alle Probanden im Schnitt weniger Schmerzen verspür-

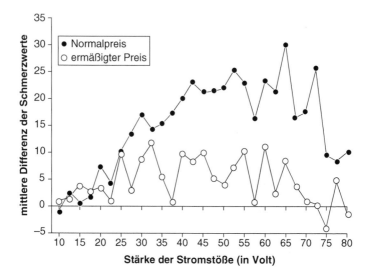

Abb. 6.4   Veränderung der Schmerzempfindung je nach Preis der Tablette (Durchschnittswerte).

ten. Nur bei Stromstärken von 75 und 80 Volt war das nicht der Fall, denn bei diesen Schlägen erklärten die Versuchspersonen, die das preiswerte Placebo eingenommen hatten, der Schmerz sei heftiger gewesen.

Aus dieser Studie geht also hervor, dass der Preis eines Medikaments dessen erwarteten therapeutischen Nutzen beeinflussen kann. Für Waber und Kollegen (2008) könnte das auch eine Erklärung dafür sein, warum manche Patienten behaupten, ein preiswerteres Generikum sei nicht so wirksam wie das Original, das sie normalerweise einnehmen. Im Allgemeinen wird nämlich angenommen, ein Produkt sei umso besser, je teurer es ist. Das konnte mit diesem Experiment tatsächlich belegt werden.

Außerdem haben andere Studien aus dem Bereich des Marketing gezeigt, dass die meisten Kunden davon ausgehen, dass vom

Preis auf die Qualität geschlossen werden darf. Das gilt sowohl bei Dingen des täglichen Lebens als auch im Gesundheitssektor: Der normale Konsument glaubt, die Qualität des teureren Produkts sei besser (Rao & Monroe, 1999).

Woodside hatte bereits 1974 nachgewiesen, dass der Preis bei der Qualitätsbewertung einer Ware eine Rolle spielt. Dazu hatte er eine Studie mit 72 Bauarbeitern durchgeführt. Jeder von ihnen sollte die Qualität einer angeblich neuartigen und noch nicht auf dem Markt befindlichen Warmhaltebox für das tägliche Mittagessen beurteilen. Bei diesem Artikel handelte es sich um einen Gegenstand, mit dem die Arbeiter vertraut waren, weil sie in solchen Behältern ihre tägliche Verpflegung mit zur Arbeit brachten. Die Box wurde ihnen zusammen mit einer kurzen Beschreibung ausgehändigt. Jeweils zwölf Probanden wurden einer von sechs Gruppen zugeordnet. Den fünf Versuchsgruppen wurde die Box für vier, fünf, sechs, acht oder zehn Dollar präsentiert (in Wirklichkeit lag der handelsübliche Preis bei 4,99 Dollar). Die Teilnehmer der Kontrollgruppe erhielten keine Preisangabe.

Nachdem sie den Artikel gesehen hatten, sollten sie zwei Aufgaben ausführen. Die erste bestand darin, aus zwölf vorgegebenen Wörtern (sechs mit positiver und sechs mit negativer Konnotation) die drei auszuwählen, die ihre Box am besten beschrieben. Je teurer die Box angeblich war, umso häufiger wurden positive Stellungnahmen abgegeben (Abbildung 6.5).

Bei der zweiten Aufgabe sollten die Probanden die Qualität des Produkts auf einer elfstufigen Skala beurteilen. Wieder zeigte sich der gleiche Effekt: je teurer die Box, umso positiver fiel die Beurteilung aus. Mit anderen Worten, die Versuchspersonen waren überzeugt, dass sich die Qualität am Preis ablesen ließ.

Fazit

Diese unterschiedlichen Studien beweisen, dass unsere Wahrnehmung von der Wirksamkeit eines Arzneimittels, oder ganz allgemein von der Qualität eines Produktes, durch dessen

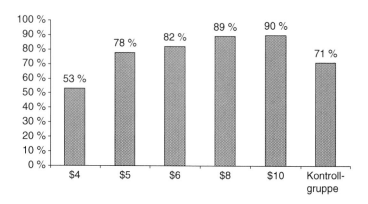

Abb. 6.5   Positive Beurteilung (in Prozent) des Produkts je nach Preis.

Preis beeinflusst wird. Anders ausgedrückt, je mehr wir für ein Medikament bezahlen müssen, umso höhere Erwartungen haben wir an dessen Wirksamkeit. Und diese Erwartungshaltung führt dazu, dass das Mittel tatsächlich besser wirkt, selbst dann, wenn es sich lediglich um ein völlig wirkstofffreies Placebo handelt!

33 Warum haben Tabletten nicht alle dieselbe Farbe?

Farbe von Medikamenten und Placeboeffekt

Wie Sie bestimmt schon bemerkt haben, sind nicht alle Tabletten weiß, einige sind auch bunt. Diese unterschiedlichen Farben erleichtern es einerseits, sie auseinander zu halten, was ganz besonders für die Patienten von Vorteil ist, die über den Tag verteilt mehrere Medikamente einnehmen müssen. Andererseits kann

die Farbe auch unsere Erwartung an die Wirkung eines Arzneimittels beeinflussen.

> De Craen et al. (1996) haben verschiedene Studien zur Farbe von Me-
> dikamenten zusammengefasst und analysiert. Ihrer Meinung nach ver-
> binden Patienten mit der Farbe eines Medikaments unterschiedliche
> Erwartungen hinsichtlich seiner Wirkung. Sie konnten nachweisen,
> dass die vermeintliche Wirksamkeit eines Arzneimittels von dessen
> Farbe abhängt: die Farben Gelb, Orange und Rot wurden im Allgemei-
> nen mit stimulierenden Wirkungen assoziiert, Blau und Grün dagegen
> eher mit Beruhigung. Außerdem stellten die Forscher fest, dass sich
> die Patienten in Abhängigkeit von der Farbe eines Medikaments eine
> gewisse Vorstellung davon machten, wo im Körper es wirkt: Die Farbe
> Weiß assoziierten sie mit einer eher allgemeinen Wirkweise, ein rotes
> Arzneimittel wurde dem Herz-Kreislauf-System oder dem Lymphsys-
> tem zugeordnet, und Beige und Braun galten als typisch für die Be-
> handlung von Hautkrankheiten.

Jede Farbe besitzt demnach in der Fantasie der Menschen offenbar eine ganz spezielle Bedeutung: Im täglichen Leben verbindet
man mit warmen Farben die Vorstellung von Vitalität, kalte Farben hingegen werden mit Ruhe und Gelassenheit assoziiert. Das
Gleiche gilt auch im Bereich der Gesundheit: Die Farbe eines
Medikaments beeinflusst die Erwartung der Patienten hinsichtlich seiner Wirkung.

Aber wussten Sie, dass die Farbe eines Arzneimittels auch dessen therapeutischen Effekt beeinflussen kann? Es gibt zwar erst
wenige Untersuchungen zu diesem Thema, doch aus einigen ging
hervor, dass die Farbe des Medikaments sich auf die vom Patienten wahrgenommene Wirkung auswirkt.

> Das haben Blackwell et al. (1972) an 56 Medizinstudenten untersucht.
> Den Probanden wurde gesagt, sie erhielten entweder eine Tablette
> eines Sedativums oder eines anregenden Medikaments. In Wirklich-

keit handelte es sich immer um ein Placebo, doch die einen bekamen eine hellblaue, die anderen eine rosafarbene Pille. Es zeigte sich, dass die Studenten, die eine hellblaue Tablette geschluckt hatten, sich weniger aktiv (66 Prozent) und schläfriger (72 Prozent) fühlten als ihre Kommilitonen, die eine rosa Pille genommen hatten (jeweils 26 und 37 Prozent).

Mit diesem Experiment konnte nachgewiesen werden, dass die Farbe eines Medikaments bei den Versuchpersonen eine Wirkung hervorrief, obwohl es sich bei den Pillen um völlig wirkstofffreie Placebos gehandelt hatte. Zu demselben Thema wurden auch Untersuchungen mit Krankenhauspatienten durchgeführt.

So haben Lucchelli et al. (1978) eine Studie an 98 Patienten durchgeführt, die sich einer plastischen Operation unterziehen sollten. In der ersten Nacht erhielt jeder Patient entweder ein Schlafmittel oder ein Placebo. Die Tablette war bei den einen blau, bei den anderen orangefarben. In der zweiten Nacht gab man den Patienten eine Tablette gleicher Farbe wie am Abend zuvor, nur bekamen diejenigen, denen am Vorabend ein Schlafmittel verabreicht worden war, jetzt ein Placebo und umgekehrt. Es stellte sich heraus, dass die Patienten, die eine blaue Kapsel erhalten hatten, signifikant schneller (103 Minuten) einschliefen als die anderen, deren Pille orangefarben war (135 Minuten). Außerdem schliefen sie signifikant länger (379 Minuten) als ihre Mitpatienten (346 Minuten).

Und schließlich wurde in weiteren Studien untersucht, wie sich die Farbe des Medikaments bei Patienten auswirkt, die unter chronischen Schmerzen litten.

Huskisson (1974) hat eine Studie an 22 Patienten durchgeführt, die unter rheumatoider Polyarthritis litten. Alle Patienten litten unter starken Schmerzen, die die tägliche Einnahme von Schmerzmitteln erforderlich machten. In dieser Studie sollten vier verschiedene Behandlungsmethoden zur Schmerzbekämpfung getestet werden (dreimal mit Analgetika und einmal mit einem Placebo). Die Behandlung erfolgte mit in Wasser löslichen Tabletten, die sich in Größe und Form glichen. Jedes der vier Medikamente war in vier verschiedenen Farben verfügbar: in rot, blau, grün und gelb. Nach Einnahme ihres Medikaments sollten die Patienten über einen Zeitraum von sechs Stunden stündlich angeben, wie sehr der Schmerz zurückgegangen war: überhaupt nicht, ein wenig, mittelmäßig oder ganz. Aus den Ergebnissen ging zunächst hervor, dass die Schmerzlinderung signifikant höher ausfiel, wenn die Patienten eines der drei aktiv wirksamen Schmerzmittel genommen hatten und nicht ein blaues, grünes oder gelbes Placebo. Zwischen den drei getesteten Schmerzmitteln war kein signifikanter Unterschied feststellbar. Alle drei wirkten gleichermaßen schmerzlindernd. Bei den drei aktiven Analgetika wirkte sich die Farbe in keiner Weise auf die Effizienz aus. Dafür spielte aber die Farbe bei der therapeutischen Wirkung der Placebos durchaus eine Rolle. Es zeigte sich nämlich ein signifikanter Unterschied zwischen den vier getesteten Farben: Die roten Pillen linderten den Schmerz am besten, danach folgten die blauen, die grünen und schließlich die gelben. Am interessantesten aber war, dass die Werte für ein rotes Placebo genauso ausfielen wie die für die echten Schmerzmittel. Mit anderen Worten, ein rotes Placebo reduzierte den Schmerz ebenso effizient wie ein aktiv wirksames Analgetikum!

Fazit

Die Farbe eines Medikaments weckt bei Patienten Erwartungen hinsichtlich seiner therapeutischen Wirkung: Einer gelben, orangefarbenen oder roten Pille werden anregende, einer blauen dagegen eher beruhigende Eigenschaften zugesprochen. Diese spezifischen Erwartungen können die Wirksamkeit eines Medikaments verstärken oder sogar eine therapeutische Wirkung hervorrufen, wenn es sich lediglich um ein Placebo handelt.

34 Sind Sie eher der Kapsel- oder der Tablettentyp?

Form von Arzneimitteln und Placeboeffekt

Im Lauf Ihres Lebens waren Sie vielleicht schon einmal krank und mussten sich in ärztliche Behandlung begeben. Dann haben Sie feststellen können, dass die Ihnen verordneten Medikamente nicht alle die gleiche Form hatten. In etlichen wissenschaftlichen Studien hat man untersucht, ob die Form des Arzneimittels dessen therapeutische Wirkung beeinflusst.

Hussain & Ahad (1970) wollten zeigen, wie sich die Form eines Medikaments zur Behandlung von Angststörungen auf dessen Effizienz auswirkt. Sie verordneten 29 Patienten, die unter Angststörungen litten, ein Medikament, das dreimal täglich eingenommen werden sollte. Dieses Mittel gab es in zwei unterschiedlichen Formen, entweder als Tablette oder als Kapsel, und jeder der Patienten sollte die Behandlung mit beiden jeweils zwei Wochen lang durchführen. Die 15 Patienten der ersten Gruppe nahmen zunächst zwei Wochen lang die Kapseln ein und in den beiden folgenden die Tabletten (Gruppe „K" dann „T"). Die zweite Gruppe von 14 Patienten hielt sich an die umgekehrte Reihenfolge: zunächst zwei Wochen lang die Tabletten und danach die Kapseln (Gruppe „T" dann „K"). Die Intensität der Angststörung wurde dreimal mithilfe der Hamilton-Skala erfasst: einmal vor Beginn der Behandlung, ein zweites Mal nach den ersten zwei Wochen und ein letztes Mal nach einem Monat Behandlung.

In beiden Gruppen hatte sich nach zwei und vier Wochen eine Besserung der Angstsymptome eingestellt (Abbildung 6.6): Nach der Behandlung lagen die Angstwerte der Patienten signifikant niedriger als davor. Es zeigte sich außerdem, dass sich die Symptome unter der Behandlung mit den Kapseln signifikant verbessert hatten. Man stellte fest, dass sich der Zustand der Patienten, die ihre Behandlung mit den

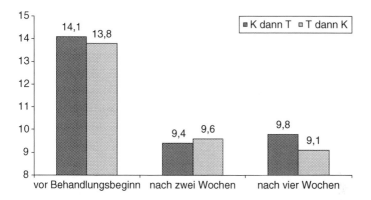

Abb. 6.6 Hamilton-Angst-Skala (Durchschnittswerte).

Kapseln begonnen hatten, wieder leicht verschlechterte, als sie die Tabletten nahmen. Der umgekehrte Effekt war in der zweiten Gruppe zu beobachten: Bei den Patienten, die zuerst die Tabletten geschluckt hatten, verbesserte sich der Zustand, als sie zu den Kapseln übergingen.

Aus dieser Studie geht hervor, dass die Form eines Medikaments dessen therapeutische Wirkung beeinflussen kann. Andere Untersuchungen haben sich damit beschäftigt, welche Vorstellung wir mit verschiedenen Arzneimitteln und mit deren Form verbinden.

Koteles et al. (2009) haben sich mit der Frage beschäftigt, wie sich Menschen Medikamente unterschiedlicher Wirkungsweise vorstellen. Zu diesem Zweck befragten sie 109 Studentinnen im Alter von 18 bis 25 Jahren, die weder Medizin noch Pharmazie studierten. Jede Teilnehmerin erhielt eine Liste, auf der 19 therapeutische Wirkweisen (anregend, beruhigend, antibiotisch, entwässernd, abführend usw.) aufgeführt waren, sowie ein Foto von zwanzig Medikamenten in vier unterschiedlichen Formen (Abbildung 6.7): eine kleine runde Pille, eine mittelgroße runde Tablette, eine längliche Tablette und eine Kapsel. Jede dieser vier Formen wurde in fünf unterschiedlichen Farben gezeigt: in weiß, gelb, rot, grün und blau. Die Probandinnen wurden darauf hingewiesen, dass die aktiven Wirkstoffe dieser Pillen für die

klein, rund (k)	mittelgroß, rund (M)	länglich (L)	Kapsel (K)
ø 6 mm	ø 13 mm	18 x 8 mm	20 x 7,5 mm
		(Länge x Breite)	(Länge x Durchmesser)

Abb. 6.7 Fotos der verwendeten Medikamente.

Studie uninteressant waren, und dass die Forscher nur wissen wollten, welche Vorstellung diese verschiedenen Medikamententypen bei ihnen auslösten.

Die Probandinnen sollten nun jeder therapeutischen Wirkweise eine dieser Formen zuordnen. Selbstverständlich wurde ihnen gesagt, dass es bei dieser Aufgabe keine richtigen oder falschen Lösungen gab und dass sie eine Medikamentenform auch mehrmals wählen durften.

Aus den statistischen Auswertungen ging hervor, dass acht der 19 vorgegebenen therapeutischen Wirkungen vorzugsweise mit einer bestimmten Medikamentenform assoziiert wurden. Mit den kleinen Pillen verbanden die Probandinnen die Vorstellung von einer beruhigenden, den Schlaf fördernden oder krampflösenden Wirkung; die mittelgroßen Tabletten entsprachen ihrem Bild von Kopfschmerzmitteln oder allgemein Schmerz und Fieber senkenden Präparaten; längliche Tabletten und Kapseln assoziierten sie mit Antibiotika.

Anschließend baten die Forscher ihre Probandinnen, sich daran zu erinnern, welche Medikamente sie in ihrem Leben schon einmal genommen hatten. Auf einem anderen Blatt sollten sie deren Namen aufschreiben und deren Form, Größe und Farbe beschreiben sowie angeben, gegen welche Krankheit sie eingesetzt wurden.

Man wollte sehen, ob die Beschaffenheit bereits bekannter Medikamente die Versuchsteilnehmerinnen bei ihrer Zuordnung beeinflusst hatte. Die statistische Auswertung zeigte, dass es bei fünf Medikamententypen Übereinstimmungen gab. Daraus schlossen die Autoren, dass die persönliche Erfahrung der Probandinnen sowohl deren Vorstellung von verschiedenen Arzneitypen als auch ihre Erwartung an deren therapeutische Wirkweise beeinflusst hatte. Nach Ansicht der Forscher spielen solche Erwartungen unter Umständen auch eine Rolle dabei, ob und wie ein Patient die Behandlungsanweisungen seines Arztes befolgt. Sie sind der Ansicht, dass einer der Gründe für das Nichteinhalten einer verordneten Behandlung darin liegen könnte, dass die Form und das Aussehen des verschriebenen Medikaments nicht den Vorstellungen und Erwartungen der Patienten entsprechen. Wenn Sie also beispielsweise glauben, eine rote Tablette könne unmöglich beruhigend wirken, werden Sie sie wahrscheinlich nicht einnehmen, wenn Sie nicht einschlafen können.

Fazit

Diese beiden Studien zeigen deutlich, dass die Form eines Medikaments seine Wirksamkeit beeinflussen kann, denn wir verbinden bestimmte Formen mit bestimmten therapeutischen Eigenschaften. Und wie steht es mit Ihnen? Haben Sie sich noch nie beim Öffnen einer Tablettenschachtel gesagt: „Was, das soll ein Antibiotikum sein? Sieht doch gar nicht so aus!"

35 Warum sollten Sie Ihrem Kind zeigen, dass es gar nicht weh tut, ein Pflaster abzureißen?

Soziales Lernen und Placeboeffekt

Wenn Sie sich zum ersten Mal einer vermutlich unangenehmen oder schmerzhaften ärztlichen Untersuchung unterziehen müssen, fragen Sie höchstwahrscheinlich Ihren Arzt, was Sie erwartet und ob es weh tun wird. Und wenn Sie jemanden kennen, der eine solche Untersuchung schon einmal überstanden hat, fragen Sie ihn bestimmt, wie es war und wollen wissen: „Hat es weh getan?" Möglicherweise hat dann seine Antwort einen Einfluss auf den Schmerz, den Sie empfinden werden.

Colloca & Benedetti (2009) haben untersucht, inwieweit Lernsituationen den Placeboeffekt bei der Schmerzlinderung beeinflussen können. Sie interessierten sich besonders für die Rolle der Konditionierung (direktes Lernen) und des sozialen Lernens (indirektes Lernen). Dazu führten sie ein Experiment mit 48 gesunden Frauen im durchschnittlichen Alter von 22,6 Jahren durch. Um einen Schmerz zu provozieren, erhielten die Probandinnen Stromstöße in den Handrücken ihrer nicht dominanten Hand. Gleichzeitig brachten die Forscher am Mittelfinger der dem Schock ausgesetzten Hand eine zweite Elektrode an und versicherten ihren Versuchsteilnehmerinnen, dass von dieser schmerzlindernde Impulse ausgingen: Jedes Mal, wenn diese Elektrode aktiviert wurde, leuchtete ein grünes Licht auf, ein rotes Lämpchen dagegen bedeutete, dass die Elektrode abgeschaltet war. In Wirklichkeit konnte diese Elektrode weder ein- noch ausgeschaltet werden, denn sie war lediglich ein Placebo, mit dem das Gefühl der Schmerzreduzierung bewirkt werden sollte. Die Versuchsteilnehmerinnen nahmen aber an, der elektrische Schock sei weniger schmerzhaft, wenn das grüne Licht leuchtete. Die Lämpchen leuchteten vor der Verabreichung der Stromstöße jedes Mal fünf Sekunden lang auf: Ein rotes Licht kündigte einen schmerzhaften Stoß an, ein grünes einen weniger unangenehmen.

Jeder Probandin wurden insgesamt 36 Schocks im Abstand von 15 Sekunden versetzt: 18 Mal nach dem Aufleuchten des grünen und 18 Mal nach Erscheinen des roten Lichts. Danach mussten sie jeweils auf einer Zahlenskala von 0 (kein Schmerz) bis 10 (schlimmster vorstellbarer Schmerz) angeben, wie heftig sie den Schmerz empfunden hatten.

Die Wissenschaftler hatten die Teilnehmerinnen in drei Gruppen eingeteilt, die das Experiment unter unterschiedlichen Bedingungen absolvierten:

* Gruppe 1: soziales Lernen;
* Gruppe 2: Konditionierung;
* Gruppe 3: verbale Instruktion.

Die Teilnehmerinnen der Gruppe 1 wurden vor Beginn des Experiments aufgefordert, neben dem Versuchsleiter Platz zu nehmen, der ihnen den Ablauf des Versuchs vorführte. Dazu setzte er sich selbst auf den Versuchsstuhl, und auf seinem Handrücken wurde die den Schock auslösende Elektrode angebracht. Sein Mittelfinger war mit der Placeboelektrode verbunden. Dann wurden ihm nach Aufleuchten der jeweiligen Lämpchen 36 Elektroschocks versetzt, und er bewertete jeweils, wie schmerzhaft sie nach dem Erscheinen des roten beziehungsweise des grünen Lichts gewesen waren. In Wirklichkeit erhielt der Versuchsleiter überhaupt keine Stromstöße, sondern simulierte nur. Ziel dieser Beobachtungsphase war es, die Probandinnen mit dem Versuchsablauf vertraut zu machen. Vor allem sollten sie bewusst wahrnehmen, dass das grüne Licht immer einen weniger schmerzhaften Schock bedeutete. Die Intensität der ihnen versetzten Stromstöße würde allerdings immer gleich bleiben. Anschließend sollten sich die Probandinnen selbst dem Experiment unterziehen.

Es zeigte sich, dass die Probandinnen die 18 Stromstöße in Verbindung mit dem grünen Licht als signifikant weniger schmerzhaft empfanden als die anderen 18 Stromstöße, die nach dem Aufleuchten des roten Signals erfolgt waren. Die Bewertungen der Versuchsteilnehmerinnen korrelierten nicht signifikant mit denen des Versuchsleiters. Das weist darauf hin, dass sie tatsächlich ihren eigenen Schmerz beurteilten und nicht nur wiederholten, was sie zuvor gehört hatten.

Für die Probandinnen der Gruppe 2 wurde das Experiment in zwei Phasen unterteilt: in eine Konditionierungs- und eine Testphase. In der Konditionierungsphase erhielten sie eine Folge von 24 Schocks, damit sie sich an das Verfahren gewöhnen konnten. Leuchtete das rote Licht auf, erfolgten zwölf schmerzhafte Stöße, bei grünem Licht zwölf weniger heftige. In dieser Konditionierungsphase lernten sie, das rote bzw. das grüne Licht mit schmerzhaften oder weniger schmerzhaften Empfindungen zu assoziieren. Anschließend folgte die Testphase, in der ihnen weitere zwölf Stromstöße verabreicht wurden: sechs nach einem grünen und sechs nach einem roten Signal. Diese zwölf Schocks waren genauso stark wie die, die ihnen in der Konditionierungsphase beim Aufleuchten des roten Lichts versetzt worden waren.

Es stellte sich heraus, dass die Versuchsteilnehmerinnen während der Konditionierungsphase die Schocks in Verbindung mit dem grünen Licht als weniger schmerzhaft empfanden als die nach dem Aufleuchten des roten Lämpchens. Das war ja auch durchaus logisch, waren sie doch tatsächlich weniger stark gewesen. Interessanter aber war, dass sich dasselbe auch in der Testphase wiederholte: Die mit dem grünen Licht assoziierten Stromstöße wurden als signifikant weniger

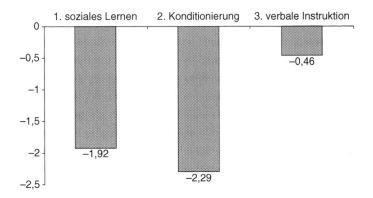

Abb. 6.8 Durchschnittliche Schmerzreduzierung.

schmerzhaft beurteilt, obwohl sie sich in der Stärke nicht von denen bei rotem Licht unterschieden.

Die Teilnehmerinnen der dritten Gruppe (verbale Instruktion) wurden lediglich davon in Kenntnis gesetzt, dass die Elektrode an ihrem Mittelfinger aktiviert würde, sobald das grüne Licht aufleuchtete, und wieder abgeschaltet, wenn das rote Signal erschien.

Auch hier zeigte sich, dass die Probandinnen einen geringeren Schmerz wahrnahmen, wenn das grüne Licht aufleuchtete. Allerdings war diese Wirkung nicht so konsistent, und die Differenz zwischen den Werten, die sie für beide Arten von Stromstößen angaben, fiel geringer aus als in den Gruppen 1 und 2.

Um die unter diesen drei Versuchsbedingungen erreichten Placeboeffekte zu vergleichen, berechneten die Forscher einen Wert für die Schmerzreduzierung. Dazu bildeten sie die Differenz zwischen den bei rotem und bei grünem Licht angegebenen Schmerzintensitäten. Dabei stellten sie einen signifikanten Unterschied zwischen den drei Gruppen fest (Abbildung 6.8).

Die Teilnehmerinnen der Gruppen 1 (soziales Lernen) und 2 (Konditionierung) verspürten signifikant geringere Schmerzen als die der Gruppe 3 (verbale Instruktion).

Der Unterschied zwischen den Gruppen 1 und 2 fiel dagegen nicht signifikant aus. Dieses Ergebnis ist interessant, denn es bestätigt, dass das Lernen für das Eintreten und die Stärke des Placeboeffekts eine wichtige Rolle spielt. Es war nämlich festzustellen, dass eine angeblich schmerzlindernde Vorrichtung (die Placeboelektrode) in der Lage war, die Intensität des von den Probandinnen verspürten Schmerzes zu senken (Gruppe 3). Die Schmerzreduzierung fiel vor allem dann deutlich stärker aus, wenn die Versuchsteilnehmerinnen sich zuvor entweder durch eigene Erfahrung (Gruppe 2) oder durch Beobachtung einer anderen Person (Gruppe 1) davon überzeugen konnten, dass die Placeboelektrode den Schmerz linderte. Sie hatten also gelernt, dass der Schock bei eingeschalteter Elektrode (grünes Licht) weniger weh tat. Der Placeboeffekt wurde durch das Lernen in gewisser Weise verstärkt und wirkte deshalb noch besser.

Fazit

Diese Studie ist deshalb so interessant, weil sie beweist, dass Lernen (vor allem soziales Lernen) den Placeboeffekt beeinflusst. Allein die Tatsache zu sehen, dass jemand in einer bestimmten Situation weniger Schmerz empfindet, bewirkt bei uns in derselben Situation ebenfalls eine Schmerzreduktion.

Wollen Sie also Ihrem Kind die Angst davor nehmen, ein Pflaster von der Haut zu reißen, so zeigen Sie ihm vorher, dass Ihnen das Abreißen eines Pflasters auch nicht weh tut!

7

Risikofaktoren und Prävention

Inhalt

36 Warum glauben wir, das Unglück treffe immer nur die anderen?

Unrealistischer Optimismus und seine Auswirkung auf die Gesundheit

Wenn andere Menschen von Katastrophen, Unfällen oder Krankheiten heimgesucht werden, neigen wir dazu uns zu sagen, dass wir glücklicherweise vor solchen Ereignissen gefeit sind. Es erleichtert uns in gewisser Weise zu wissen, dass so etwas nur anderen zustößt. Wie lassen sich solche Gefühle erklären? Nun, wir entwickeln hinsichtlich unseres Lebens und der äußeren Gegebenheiten gewisse Vorstellungen und Überzeugungen, die unser Selbstverständnis und unsere Wahrnehmung bezüglich der Möglichkeit, selbst Opfer eines schlimmen Verkehrsunfalls zu werden oder an Krebs zu erkranken, verfälschen. Diese Art der verzerrten Wahrnehmung ruft ein Gefühl der Unverwundbarkeit hervor, und solange wir noch keine schweren Schicksalsschläge erlebt haben, glauben wir tatsächlich, von ihnen verschont zu bleiben.

Studien zu diesem Thema haben gezeigt, dass wir alle eine unrealistische Vorstellung von uns selbst, der Welt und den anderen haben, denn nur so können wir uns den realen Bedingungen anpassen und mit ihnen leben (Taylor & Brown, 1988). Wir neigen also alle dazu, die Unwägbarkeiten des Lebens zu ignorieren und uns vor seinen Gefährdungen zu schützen.

Ein gutes Beispiel dafür ist, dass viele Menschen wider besseren Wissens an Verhaltensweisen festhalten, mit denen sie ihre Gesundheit gefährden. Sie sind davon überzeugt, besser gegen eine mögliche Gefahr geschützt zu sein als andere.

Weinstein (1980) war der erste, der sich mit diesem Phänomen befasst hat. Er sprach von einem unrealistischen Optimismus gegenüber den Ereignissen des Lebens. Den Teilnehmern an seiner Studie legte er eine Liste vor, auf der gesundheitliche Probleme aufgeführt waren, und bat sie anzugeben, wie hoch sie verglichen mit anderen Menschen gleichen Alters und Geschlechts ihr Risiko einschätzten, an einer der genannten Krankheiten zu erkranken. Die meisten hielten ihr eigenes Risiko für geringer als das der anderen. Woher kommt diese Neigung, die eigenen Chancen, gesund zu bleiben, zu überschätzen? Offenbar hängt dieser unrealistische Optimismus mit einer illusorischen Einschätzung der Gefahren zusammen, und dafür gibt es mehrere Gründe: fehlende persönliche Erfahrung mit dem betreffenden Problem, die Überzeugung, dass es bisher keine Schwierigkeiten gab und dass deshalb auch in Zukunft keine auftreten werden. Und schließlich die Vorstellung, dass das eigene Verhalten, selbst wenn es Risiken birgt, noch akzeptabel sei, da es ja im Augenblick keinerlei Probleme verursache.

Um eine Erklärung für diesen unrealistischen Optimismus zu finden, hat sich die Forschung insbesondere für Krankheiten wie Aids oder die gesundheitlichen Folgen übermäßigen Alkohols und des Rauchens interessiert. Obwohl diese Krankheiten mit riskanten Verhaltensweisen zusammenhängen, haben viele Menschen das Gefühl, sie könnten das Geschehen kontrollieren. Das verstärkt ihren unrealistischen Optimismus und lässt sie die Gefahr ignorieren, selbst daran zu erkranken (Taylor, 1989).

Eine solch falsche Einschätzung kann tatsächlich manche Menschen zu Verhaltensweisen verleiten, die ihre Gesundheit gefährden.

Im Rahmen einer Studie (Milhabet et al., 2002) sollten Studenten ihr eigenes Risiko einschätzen, sich mit Aids zu infizieren, wenn sie insulinabhängig, Bluter oder drogensüchtig wären. Diese drei Gruppen werden üblicherweise mit einem unterschiedlich hohen Aidsrisiko in Verbindung gebracht. Insulinabhängige Menschen gelten als schwach, Bluter als mittelmäßig und Drogensüchtige als hoch gefährdet. Jeder Student sollte sich außerdem vorstellen, wie hoch im Allgemeinen das Risiko für andere Menschen unter den drei genannten Bedingungen wäre. Es stellte sich heraus, dass die Studenten ihr eigenes Risiko, sich mit HIV zu infizieren, in allen drei Kategorien als geringer einstuften als das der anderen. Als Drogenabhängige meinten sie beispielsweise, stärker gefährdet zu sein als jemand, der keine Drogen nimmt, doch verglichen mit anderen Drogensüchtigen hielten sie sich für weniger gefährdet. Sie sahen also die anderen immer als gefährdeter an als sich selbst. Folglich fühlten sie sich weniger bedroht.

Da Aids eine Krankheit ist, die als kontrollierbar gilt, weil man sich bei riskantem Geschlechtsverkehr mit Kondomen schützen kann, zeigte sich außerdem, dass manch einer zu gefährlichen Verhaltensweisen neigte, weil er annahm, die Situation unter Kontrolle zu haben.

Wir schätzen also unsere eigene Situation optimistischer ein als die der anderen, weil wir überzeugt sind, den Lauf der Dinge lenken zu können. Deshalb neigen wir dazu, unsere eigenen riskanten Verhaltensweisen zu unterschätzen („Ich schütze mich nicht regelmäßig vor Aids, aber das ist ja auch nicht so schlimm!"), und unsere positiven Seiten zu überschätzen („Schließlich gehöre ich ja nicht zu denen, die an der Nadel hängen!"). Unser Optimismus beruht demnach darauf, dass wir bei der Beurteilung einer Situation zwar all die Vorsichtsmaßnahmen berücksichtigen, die wir getroffen haben, aber jene vernachlässigen, auf die wir verzichtet haben.

Hoppe & Ogden (1996) haben untersucht, ob für den unrealistischen Optimismus eher riskante oder eher vorsichtige Verhaltensweisen verantwortlich sind. Die Teilnehmer an ihrer Studie wurden gebeten, einen Fragebogen auszufüllen, mit dem ermittelt werden sollte, ob sie sich risikobereit oder vorsichtig verhielten. Eine Frage, die auf die Risikobereitschaft abzielte, lautete beispielsweise: „Wie häufig haben Sie, seitdem Sie sexuell aktiv sind, Ihren Partner gebeten, einen Bluttest machen zu lassen?" Fragen zum vorsichtigen Verhalten lauteten etwa: „Wie oft waren Sie, seitdem Sie sexuell aktiv sind, bei der Wahl ihres Partners vorsichtig?" Es stellte sich heraus, dass ein unrealistischer Optimismus eher auf die vorsichtigen und nicht so sehr auf die riskanten Verhaltensweisen zurückzuführen war, denn die Studenten attestierten den anderen stets eine höhere Risikobereitschaft und fühlten sich deshalb selbst weniger gefährdet. Letztendlich bewies dieses Experiment aber, dass wir objektiv gesehen gerade deshalb höhere Risiken eingehen, weil wir davon überzeugt sind, dass uns die Gefahr nichts anhaben kann.

Fazit

Bei der Gesundheit wie im Leben ganz allgemein müssen wir uns an die Realität anpassen. Und dazu basteln wir uns Überzeugungen zurecht, die es uns ersparen, der Realität ins Auge zu sehen. Unser unrealistischer Optimismus lässt uns beispielsweise glauben, unsere Chancen auf ein glückliches Leben stünden besser als die der anderen. Wir haben das Gefühl, vor Widrigkeiten relativ geschützt zu sein und halten deshalb an der unrealistischen Einschätzung der Unwägbarkeiten des Lebens fest.

37 Warum glaube ich, weniger gefährdet zu sein als mein Kollege?

Komparativer Optimismus und seine Auswirkung auf die Einschätzung von Berufsrisiken

Ist Ihnen nicht auch schon einmal der Gedanke gekommen, dass ein Autounfall weniger wahrscheinlich wäre, wenn Sie selbst am

Steuer säßen? Diesen Eindruck nennt man in der Psychologie komparativen Optimismus. Dabei handelt es sich um das Phänomen, dass das eigene Risiko geringer eingestuft wird als das der anderen: Wir glauben in der Regel, dass uns in unserem Leben weniger negative und mehr positive Dinge zustoßen als unseren Mitmenschen.

Verschiedenen Studien zufolge manifestiert sich dieser komparative Optimismus im Zusammenhang mit der Gesundheit, dem Autofahren und auch Situationen, die jeden treffen können, wie Scheidungen oder Naturkatastrophen usw. Im Berufsleben beeinflusst der komparative Optimismus möglicherweise das Präventions- und Sicherheitsverhalten.

In einer Studie (Spitzenstetter, 2006) sollte untersucht werden, ob Arbeiter das eigene Risiko, Opfer eines Arbeitsunfalls zu werden, geringer einstuften als das ihrer Kollegen. An der Untersuchung nahmen 188 Beschäftigte (124 Frauen und 64 Männer) einer Glas- und Spiegelfabrik teil. Sie sollten auf einer siebenstufigen Skala (von 0 „sehr unwahrscheinlich" bis 6 „sehr wahrscheinlich") eintragen, wie hoch ihr eigenes Risiko und wie hoch das ihrer Kollegen sei, einen der folgenden vier Arbeitsunfälle zu erleiden:
* schwerer aber seltener Unfall (Zerquetschen eines Fingers);
* schwerer und häufiger Unfall (tiefe Schnittverletzung):
* leichter und seltener Unfall (Splitter im Finger);
* leichter und häufiger Unfall (sich an einem Stück Glas stechen).

Diese vier Unfalltypen wurden anhand der Statistiken des Unternehmens über die Arbeitsunfälle der letzten sechs Jahre definiert und durch die Sicherheitsbeauftragten des Betriebs bestätigt.

Es zeigte sich (Abbildung 7.1), dass jeder Arbeiter meinte, sein Arbeitsunfallrisiko sei geringer als das seiner Kollegen, und zwar sowohl im Hinblick auf die Häufigkeit als auch die Schwere. In allen vier Unfallkategorien war also der komparative Optimismus vorhanden.

Anschließend wurde für jeden Unfalltyp ein Wert für den komparativen Optimismus berechnet, indem man die Differenz zwischen

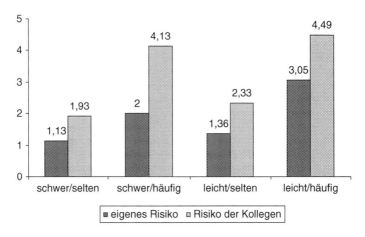

Abb. 7.1 Geschätzte Unfallwahrscheinlichkeit.

Tabelle 7.1 Komparativer Optimismus nach Unfalltypen

	selten	häufig	
schwer	0,8	2,13	1,47
leicht	0,97	1,44	1,2
	0,89	1,79	

dem persönlichen Risiko und dem der anderen bildete. Ein positiver Wert stand für komparativen Optimismus, ein negativer hingegen war ein Zeichen für einen komparativen Pessimismus. Die Werte sind in Tabelle 7.1 dargestellt.

Zunächst einmal war festzustellen, dass alle Beschäftigten ihre eigene Gefährdung geringer einschätzten als die ihrer Kollegen, d.h. sie bewiesen also komparativen Optimismus.

Aus der statistischen Analyse geht hervor, dass die befragten Personen im Allgemeinen bei den häufig vorkommenden Unfällen optimistischer waren (KO = 1,79) als bei den seltenen (KO = 0,89), und das unabhängig davon, ob es sich um schwere oder leichte Unfälle handelte. Dagegen war hinsichtlich der Schwere der Unfälle kein großer

Unterschied festzustellen. Der komparative Optimismus fiel bei den schweren Unfällen (KO = 1,47) und den leichten (KO = 1,2) nahezu gleich aus, und zwar ungeachtet der Häufigkeit. Außerdem analysierten die Autoren noch den Zusammenhang von Häufigkeit und Schwere. Bei den schweren Unfällen erwiesen sich die Beschäftigten als optimistischer, wenn sie häufig vorkamen. (KO = 2,13), als wenn sich ein solcher Unfall nur selten ereignete (KO = 0,8). Bei den leichten Unfällen war ihr Optimismus ebenso groß, wenn diese häufig (KO = 1,44) oder selten (KO = 0,97) vorkamen. Wenn ein Unfall sich nur selten ereignete, hatte seine Schwere keine Auswirkung auf den komparativen Optimismus. Handelte es sich jedoch um einen häufig vorkommenden Unfall, beurteilten die Beschäftigten ihre Chancen optimistischer, wenn es einen schweren (KO = 2,13) und nicht nur einen leichten Unfall betraf (KO = 1,44). Mit anderen Worten, die Beschäftigten meinten, sie seien ungefähr ebenso stark gefährdet wie ihre Kollegen, Opfer eines leichten Unfalls zu werden, ganz gleich, ob sich dieser selten oder häufig ereignete. Aber sie hielten ihr eigenes Risiko, einen schweren und selten vorkommenden Unfall zu erleiden, für geringer als das ihrer Kollegen. Noch geringer schätzen sie ihr Risiko ein, wenn es sich um einen häufig vorkommenden Unfall handelte.

Wie lange ein Mitarbeiter bereits in dem Betrieb beschäftigt war, die Art seiner Tätigkeit oder frühere Unfälle hatten keinerlei Einfluss auf den komparativen Optimismus.

Fazit

Die Ergebnisse dieser Studie belegen, dass es einen komparativen Optimismus am Arbeitsplatz gibt. Oder anders ausgedrückt, ein Beschäftigter glaubt, er sei weniger gefährdet als seine Kollegen, Opfer eines Arbeitsunfalls zu werden. Und sein eigenes Risiko schätzt er bei schweren und häufig eintretenden Unfällen ganz besonders gering ein. Doch genau in diesen Fällen (häufig vorkommende und schwere Unfälle) sollte sich jeder ganz besonders betroffen fühlen, aufmerksam bleiben und sich angemessen verhalten. Aufgrund des komparativen Optimismus wird verständlich, warum Arbeitnehmer sich nicht immer an die Sicherheitsvorschriften halten und vorsichtig handeln. Da sie glauben, die Gefahr drohe in erster Linie den anderen und nicht so sehr ihnen selbst, verhalten sie sich weniger umsichtig und meinen, sie hätten es nicht nötig, die Sicherheitsmaßnahmen einzuhalten.

38 Warum hat ein Einstein bessere Aussichten als Hein Blöd, nicht an Herz-Kreislauf-Problemen zu erkranken?

Intelligenzquotient und das Risiko einer koronaren Herzkrankheit

Ein Hauptanliegen in der medizinischen Forschung ist die Entdeckung von Faktoren, die das Risiko für bestimmte Krankheiten erhöhen oder aber verringern. Bei den Herz-Kreislauf-Erkrankungen werden in der einschlägigen Literatur üblicherweise Faktoren genannt wie Blutdruck, Lebensstil, körperliche Bewegung, Rauchen, Gewicht oder Body-Mass-Index. Es gibt aber auch Studien, die besagen, dass soziale Faktoren ebenfalls eine Rolle spielen, etwa die Höhe des Einkommens, der Bildungsgrad oder die gesellschaftliche Schicht. In wieder anderen Untersuchungen fragte man sich, wie sich der Intelligenzquotient (IQ) auf den Gesundheitszustand auswirkt. In mehreren dieser Studien konnte nachgewiesen werden, dass der IQ die Gesundheit indirekt beeinflusst, weil er die sozialen Risikofaktoren steuert. Denn Personen mit einem hohen IQ besitzen in der Regel ein höheres Bildungsniveau und verfügen über ein höheres Einkommen als solche mit niedrigerem IQ. In einigen Studien wurde auch untersucht, ob zwischen dem

IQ und der koronaren Herzkrankheit oder Herzinfarkten ein direkter Zusammenhang besteht.

Zu diesem Zweck analysierten Lawlor et al. (2008) die Daten von 12.150 Personen, die aus der „Aberdeen Children 1950s"- Kohorte stammten. In dieser Studie waren Personen erfasst, die in der Zeit von 1950 bis 1956 im schottischen Aberdeen geboren worden waren und deren Intelligenzquotient man jeweils im Alter von sieben, neun und elf Jahren ermittelt hatte.

Diese Daten sollten den Forschern Aufschluss darüber geben, ob es einen Zusammenhang zwischen dem in der Kindheit gemessenen IQ und im Erwachsenenalter aufgetretenen Herzproblemen gab. 357 Personen aus dieser Kohorte litten als Erwachsene an einer koronaren Herzerkrankung (264 Männer und 93 Frauen), und 123 hatten einen Herzinfarkt überlebt (67 Männer und 56 Frauen). Es stellte sich heraus, dass der in der Kindheit gemessene IQ umgekehrt proportional zum Auftreten koronarer Erkrankungen und Infarkte im Erwachsenenalter war, d.h. je höher der IQ im Kindesalter, umso geringer das Risiko, im Alter von fünfzig Jahren Herzprobleme zu entwickeln.

Diese Untersuchung hat gezeigt, dass für das Auftreten von Herzerkrankungen tatsächlich auch der IQ eine Rolle spielen kann. Allerdings hatten die Autoren der Studie ihr Augenmerk ausschließlich auf den IQ gerichtet und andere Risikofaktoren wie das Rauchen oder mangelnde körperliche Bewegung nicht mitberücksichtigt. Letztlich stellten sie nur fest, dass der IQ das Risiko einer Herzerkrankung beeinflussen kann, dass man aber noch nicht weiß, welche Bedeutung ihm im Vergleich zu allen anderen bekannten Risikofaktoren zukommt. Mit dieser Frage hat sich vor kurzem ein Team von Wissenschaftlern beschäftigt. Sie wollten herausfinden, welchen Stellenwert der IQ im Vergleich zu den übrigen Risikofaktoren einnimmt.

Dazu stützten sich Batty et al. (2010) auf die Daten der dritten Kohorte aus der „West Scotland Twenty-07" Studie, in der untersucht wurde, wie sich soziale Faktoren auf den Gesundheitszustand der Menschen und ihre gesundheitliche Entwicklung auswirken. Für ihre Analyse berücksichtigten sie 1.145 Personen, die im Jahr 1988 im Alter von ungefähr 55 Jahren erfasst worden waren. Zwanzig Jahre später, als Batty und Kollegen ihre Untersuchung durchführten, waren 396 von ihnen bereits verstorben, 158 davon aufgrund einer Erkrankung des Herz-Kreislauf-Systems. Die Forscher richteten ihr Augenmerk auf mehrere Indikatoren, die das Mortalitätsrisiko beeinflussen:

* physiologische Daten wie Größe, Gewicht, Body-Mass-Index (BMI) und arterieller Blutdruck;
* Rauchen: Es wurde unterschieden zwischen „aktuellen" und „ehemaligen Rauchern" und „lebenslangen Nichtrauchern";
* körperliche Bewegung: in Stunden pro Woche;
* Bildung, gemessen in Schul- und Studienjahren;
* Gesellschaftsschicht: Die Zuordnung erfolgte anhand der aktuellen beruflichen Tätigkeit des Familienoberhaupts;
* Intelligenzquotient (IQ), gemessen mithilfe eines üblichen Intelligenztests. Dabei wurden in 65 Aufgaben die verbalen Fähigkeiten sowie der Umgang mit Zahlen getestet (logisches Schlussfolgern, Wortschatz, analoges Denken und Kopfrechnen).

Ihren Ergebnissen zufolge waren sieben der berücksichtigten Faktoren für den Tod mit verantwortlich:. Rauchen, Intelligenzquotient, Höhe des Einkommens, körperliche Bewegung, Bildungsgrad, gesellschaftliche Schicht und arterieller Blutdruck (Abbildung 7.2). Der Body-Mass-Index erwies sich dagegen als nicht signifikant.

In einer zweiten Stufe ihrer Untersuchung interessierten sich Batty und Kollegen nur für die Personen, die an einer Herz-Kreislauf-Erkrankung verstorben waren. Hier fanden sie fünf signifikante Risikofaktoren: das Rauchen, den Intelligenzquotienten, die Höhe des Einkommens, den arteriellen Blutdruck und die Bewegung (Abbildung 7.3). Auch hier erwies sich der IQ als der zweitwichtigste Risikofaktor nach dem Rauchen. Die anderen berücksichtigten Faktoren waren nicht signifikant. Diese Ergebnisse bestätigten nicht nur, dass der IQ eine Rolle für den Gesundheitszustand von Menschen spielt, sondern sie zeigten vor allem, dass er nach dem Rauchen der

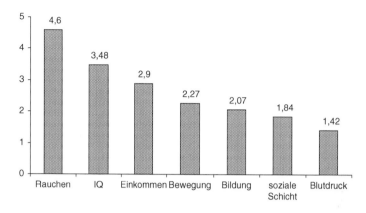

Abb. 7.2 Relative Bedeutung der Risikofaktoren für Sterblichkeit.

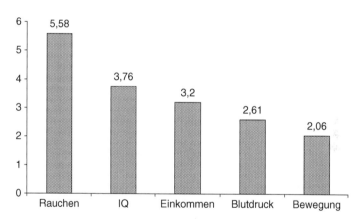

Abb. 7.3 Relative Bedeutung der Risikofaktoren für Tod durch Herz-Kreislauf-Erkrankungen.

zweitwichtigste Risikofaktor ist, der einen vorzeitigen Tool herbeiführen kann. Ein niedriger IQ scheint also ein größerer Risikofaktor zu sein als mangelnde Bewegung, ein hoher Blutdruck oder soziale Faktoren wie das Einkommen oder der Bildungsgrad.

Fazit

Aus diesen Studien geht hervor, dass die intellektuellen Fähigkeiten eines Menschen seine Gesundheit entscheidend mit beeinflussen: Je höher der IQ, umso geringer die Gefahr einer Erkrankung des Herz-Kreislauf-Systems oder das Risiko, an einer solchen Erkrankung zu sterben. Von allen bekannten Risikofaktoren ist der IQ einer der relevantesten Prädiktoren, um das Todesrisiko vorherzusagen. Mit anderen Worten, je intelligenter Sie sind, umso besser stehen Ihre Chancen, keine Herz-Kreislauf-Probleme zu bekommen und auch nicht frühzeitig zu versterben!

39 Warum fühlen Sie sich nach einer beruhigenden Diagnose nicht immer erleichtert?

Medizinische Diagnostik und ihre Auswirkung auf die Einstellung des Patienten

Auch Sie haben sich bestimmt schon einmal einer gründlichen ärztlichen Untersuchung mit Blutprobe, Röntgenaufnahmen oder Scans unterzogen, sei es im Rahmen des jährlichen Gesundheitschecks, einer Kontrolluntersuchung oder nur, weil Sie wissen wollten, wie hoch Ihr persönliches Risiko für eine bestimmte Krankheit ist. Meistens fallen die Ergebnisse solcher Untersuchungen zufrieden stellend aus, und man sollte annehmen, diese Nachricht würde Sie beruhigen und alle Sorgen und Befürchtungen von Ihnen nehmen. Das ist jedoch nicht unbedingt der Fall.

Zwar geht aus den meisten Studien hervor, dass zufrieden stellende Untersuchungsergebnisse zu Erleichterung führen, doch einige zeigen auch, dass ein gutes Ergebnis wider Erwarten Anlass für neue Ängste sein kann.

Michie et al. (2003) haben sich die Frage gestellt, warum zufrieden stellende Untersuchungsergebnisse nicht immer beruhigend wirken. Sie befragten dazu Personen, die sich einer Vorsorgeuntersuchung unterzogen hatten, um eine degenerative Erbkrankheit oder Darmkrebs auszuschließen, und deren Ergebnisse absolut normal ausgefallen waren. Aus ihren Antworten auf die Fragebögen und auch aus den anschließend geführten Gesprächen ging deutlich hervor, dass sie sich im Wesentlichen aus zwei Gründen nicht völlig beruhigt fühlten. Zum einen glaubten sie, die für die betreffende generative Erbkrankheit verantwortlichen Gene könnten mit der Zeit mutieren und sie wären möglicherweise doch Träger dieser Gene, auch wenn der Test zum derzeitigen Augenblick negativ ausgefallen war. Und zweitens äußerten sie Zweifel an der Zuverlässigkeit der Untersuchungsmethode: Wie konnte wohl eine einfache Blutprobe Aufschluss über eine Krankheit geben, die im Darm angesiedelt war?

In einer anderen Studie (Palmer et al., 1993) ging es um die Reaktion von Frauen nach einer Untersuchung des Gebärmutterhalses. Bei ihnen waren Zellveränderungen, so genannte Krebsvorstufen, festgestellt worden, und man hatte ihnen zu weiteren Laboruntersuchungen bzw. zu einer Präventivbehandlung geraten. Wie wirkte sich eine solche Diagnose auf die Psyche der Frauen aus? Eine derartige Nachricht erwies sich als traumatisierend. Die Frauen reagierten auf diese Bedrohung ihrer Gesundheit unterschiedlich stark mit ständig wiederkehrenden düsteren Gedanken, aber auch mit heftiger Wut. Aus den mit den Frauen geführten Gesprächen ging ebenfalls hervor, dass diese Diagnose sie zutiefst erschüttert hatte, weil sie bestimmte Vorstellungen mit dem Wort Gebärmutterhalskrebs verbanden. Diese Vorstellungen betrafen auch ihr Bild vom eigenen Körper und ihre Sexualität. Als die Frauen erfuhren, bei ihnen seien krebsartig veränderte Zellen entdeckt worden, löste die Angst vor einer möglichen Krebserkrankung eine heftige Verzweiflung aus. Und letztendlich war diese Verzweiflung stärker als die Erleichterung darüber, dass die Erkrankung in einem so frühen Stadium behandelt werden konnte.

Fazit

Bei der Gesundheit ist es genau wie bei anderen Dingen auch. Eine gute Nachricht wirkt nicht unbedingt beruhigend, und eine schlechte kann einen Menschen aus der Bahn werfen. Eine einfache Laboruntersuchung löst möglicherweise Ängste aus, und ein unauffälliges Resultat verstärkt in manchen Fällen die Sorge, anstatt sie zu nehmen. Psychologisch lässt sich das vielleicht damit erklären, dass der Betreffende entweder ein schlechtes Resultat erwartet hatte, das dann nicht eintraf, oder aber, dass er kein Vertrauen in die Verlässlichkeit der Diagnose hat.

40 Warum mögen Krebszellen keinen Kohl?

Ernährung und Krebs

Seit vielen Jahren wird erforscht, welche Rolle die Ernährung beim Entstehen bestimmter Krankheiten spielt. Das Interesse gilt dabei insbesondere bestimmten Nahrungsmitteln, die im Verdacht stehen, das Krebsrisiko zu senken oder zu erhöhen.

Der Bericht „Food, Nutrition, Physical Activity and the Prevention of Cancer: A Global Perspective" des World Cancer Research Fund aus dem Jahr 2007 gilt immer noch als die maßgebliche Studie zu diesem Thema. 21 Wissenschaftler aus aller Welt haben dafür fünf Jahre lang 7.000 wissenschaftliche Artikel, die bis 2006 erschienen waren, ausgewertet und für sachdienlich befunden. In der Regel bestätigten die Wissenschaftler, dass bestimmte Lebensmittel das Krebsrisiko entweder erhöhen oder senken können.

Man ging so vor, dass zunächst eine Expertengruppe eine Methode entwickelte, nach der die vorliegenden wissenschaftlichen Studien systematisch ausgewertet werden sollten. Danach erstellten Forscherteams von neun internationalen Zentren eine Metaanalyse dieser Studien. 22.000 der insgesamt 50.000 gesichteten Arbeiten kamen in die engere Wahl, und letztendlich wurden 7.000 als ausreichend sachdienlich befunden, um als Grundlage für den Bericht zu dienen. In einer dritten Phase beurteilte eine Gruppe von 21 anerkannten Wissenschaftlern aus aller Welt die zuvor zusammengetragenen Beweise, zog daraus Schlussfolgerungen und erarbeitete eine Reihe von Empfehlungen, wie

* auf zuckerhaltige Getränke zu verzichten;
* mehr und unterschiedliche Gemüse- und Obstsorten, Vollkornprodukte und Trockenobst zu verzehren;
* Frauen sollten nicht mehr als eine Glas Alkohol, Männer nicht mehr als zwei Glas täglich zu sich nehmen;
* den Konsum salzhaltiger Lebensmittel oder zusätzlich gesalzener Produkte wie Kartoffelchips oder Erdnüsse, einzuschränken;
* keine Nahrungsergänzungsmittel einzunehmen, um sich vor Krebs zu schützen.

Nach Ansicht der Autoren dieses Berichts stehen 30 Prozent aller Krebserkrankungen in einem direkten Zusammenhang mit den Ernährungsgewohnheiten, und das gilt insbesondere für die Erkrankungen des Verdauungssystems (Speiseröhre, Magen, Darm). Sie weisen darauf hin, dass Menschen, die sehr wenig Obst und Gemüse verzehren, ein doppelt so hohes Risiko haben, bestimmte Krebsarten zu entwickeln wie solche mit einem hohen Obst- und Gemüsekonsum.

Heute betonen im Grunde alle Experten, dass eine gesunde Ernährung für die Gesundheit wichtig ist, doch einige Forscher gehen noch viel weiter. Sie zeigen den direkten Zusammenhang zwischen der Ernährung und einer Krebserkrankung auf und erklären, dass die in natürlichen Lebensmitteln enthaltenen Stoffe biochemische Eigenschaften besitzen, die den Mechanismen, die zur Entstehung von Krebs beitragen, vorbeugen, ihnen entgegen wirken und sie sogar rückgängig machen können. So beweisen sie beispielsweise, dass ein ganz normales Gemüse wie Kohl Molekü-

le enthält, die sich in der Krebsbekämpfung als außerordentlich
wirksam erwiesen haben.

Professor Richard Beliveau (2005) vom Labor für Molekularbiologie in
Montreal hat Lebensmittel untersucht, die Krebs verhindern können.
Dabei gelang ihm der Nachweis, dass viele Nahrungsmittel Moleküle
enthalten, die bestimmte Prozesse hemmen, die an der Entstehung von
Krebs beteiligt sind, und das ebenso wirksam wie etliche der heute ein-
gesetzten Medikamente. Deshalb empfiehlt er in der Krebsbehandlung
die so genannte Ernährungstherapie, denn sie setzt bei der Bekämp-
fung von Krebszellen auf das breite Spektrum der in Nahrungsmitteln enthaltenen antikarzinogenen Moleküle. Das soll nicht heißen,
dass die Ernährung eine Alternativtherapie darstellt, aber sie ist ein
Mittel, das jeder zur persönlichen Krebsvorsorge nutzen kann, indem
er seinem Körper über die Nahrung bestimmte Krebs hemmende
Stoffe zuführt. Deshalb wurde im Labor von Professor Beliveau ein
charakteristisches Profil der Obst- und Gemüsesorten erstellt, die anti-
karzinogene Substanzen enthalten. Dabei ging es nicht nur darum
herauszufinden, welche Obst- und Gemüsesorten die besten Krebs
hemmenden Eigenschaften besitzen, sondern auch, welche die größte
Menge dieser Substanzen enthalten. Dazu stellte man zunächst Roh-
extrakte aus den Gemüsesorten her, sterilisierte diese anschließend und
prüfte mit diesem so gewonnenen Material, wie stark es das Wachstum
verschiedener Tumore beim Menschen hemmte. Im Modellversuch
wurde auch die Angiogenese untersucht, d.h. die Bildung neuer Blutgefäße, die den Tumor mit Sauerstoff versorgen.

Bei einer ganzen Reihe von Obst- und Gemüsesorten wurden
Krebs hemmende Eigenschaften entdeckt und damit beispielsweise
bewiesen, dass Krebszellen keinen Kohl mögen. Beliveau und seine
Kollegen haben nachgewiesen, dass Kohl und im weitesten Sinne alle
Gemüsesorten aus der Familie der Kreuzblütler zu den Nahrungsmitteln gehören, die der Entstehung von Krebszellen am effektivsten
entgegen wirken.

In einer Studie wurden 47.909 Beschäftigte aus dem Gesundheits-
wesen über zehn Jahre lang beobachtet. 252 von ihnen erkrankten in
dieser Zeit an Blasenkrebs, und es stellte sich heraus, dass diejenigen
Personen, die in der Woche durchschnittlich fünf Portionen eines Ge-

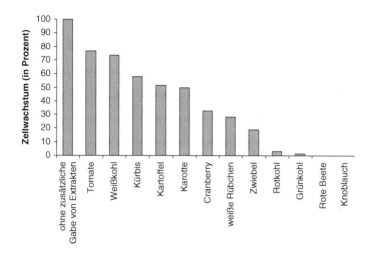

Abb. 7.4 Wachstumshemmung von isolierten Medulloblastomzellen durch Gemüseextrakte (Quelle: Beliveau & Gingras, S. 60).

müses aus der Gattung der Kreuzblütler, insbesondere Brokkoli oder Kohl, verzehrt hatten, ein erheblich geringeres Risiko hatten, an Blasenkrebs zu erkranken als Personen, die nur eine Portion oder weniger dieser Gemüsesorten verzehrten.

Andere Arbeiten haben gezeigt, dass bei einem sehr aggressiven Gehirntumor, dem Medulloblastom, die zusätzliche Gabe von Knoblauch-, Rote Beete- und bestimmten Kohlextrakten, etwa aus dem Grünkohl, das Wachstum isolierter Krebszellen vollständig stoppte (Gingras et al., 2004). Die Ergebnisse der Studie sind in Abbildung 7.4 dargestellt.

Fazit

Der Verzehr von Gemüsesorten aus der Familie der Kohlarten verringert das Risiko, an bestimmten Krebsarten zu erkranken.

Das legt die Vermutung nahe, dass diese Gemüsesorten phyto-chemische Bestandteile enthalten, die bei der Krebsverhinderung eine Rolle spielen. Außerdem wurde beobachtet, dass Menschen, die viel Obst und Gemüse zu sich nehmen, seltener an Krebs erkranken, was direkt auf die antikarzinogenen Substanzen in diesen Nahrungsmitteln zurückgeführt wurde. Wer solche Krebs hemmenden Produkte regelmäßig in seinen Speiseplan mit auf-nimmt, tut damit effektiv etwas für die Krebsprävention – und er darf mit Appetit essen!

41 Warum sind manche Frauen eher bereit, Krebsvorsorge-untersuchungen wahrzunehmen, als andere?

Motivation und Vorsorge

Im Jahr 1900 wurden in den Vereinigten Staaten medizinische Reihenuntersuchungen eingeführt, und im Laufe des 20. Jahrhunderts wurden Programme zur Krebsfrüherkennung entwickelt. Die Reihenuntersuchungen und Techniken der Krebsfrüherkennung haben zum Ziel, durch die Entdeckung krebsartig verän-derter Zellen sowohl das Risiko einer Krebserkrankung als auch ein bereits vorhandenes Karzinom aufzuspüren.

In Frankreich erkranken jedes Jahr ungefähr 40.000 Frauen an Brustkrebs, das entspricht 32 Prozent aller neuen Krebsfälle. An Brustkrebs versterben jährlich circa 11.000 Frauen.

Seit 2004 gibt es in Frankreich landesweit ein Programm zur Brustkrebsfrüherkennung für Frauen im Alter von 50 bis 74 Jah-ren. Im Jahr 2008 nahmen 52,5 Prozent der Zielgruppe daran teil, 2004 waren es nur 40,2 Prozent.

Die Teilnahme ist allerdings je nach Region unterschiedlich und erreicht bei weitem noch nicht das angestrebte Ziel von 70 Prozent. Wo liegen die Gründe für diese schwache Beteiligung?

Einer Untersuchung zufolge (Ancelle-Park, 2003) könnte die soziale Schichtzugehörigkeit der Frauen dafür verantwortlich sein. Bei Frauen aus bescheidenen oder prekären Verhältnissen war zwischen dem Interesse an der Vorsorgeuntersuchung und den praktischen Hindernissen, sie auch wahrzunehmen, eine Diskrepanz zu beobachten. Allerdings stellte man auch fest, dass Frauen aus besser gestellten Kreisen ebenfalls nicht an der Reihenuntersuchung teilnehmen, doch sie verweigerten sich ganz bewusst. Sie lehnten die Reihenuntersuchung ab, weil sie ihrer Meinung nach eine Massenabfertigung minderer Qualität darstellt, die sich an die benachteiligten Schichten richtet. Wenn sie sich einer Vorsorgeuntersuchung unterzogen, so geschah das auf Anraten ihres Gynäkologen. Eine solche Untersuchung wurde viel besser akzeptiert, auch wenn sie in der Praxis nicht alle Tests umfasste, die das staatliche Programm bot. Aufgrund dieser Ergebnisse interessierten sich die Forscher für die psychologischen Faktoren, mit denen sich die Einstellung der Frauen zur Teilnahme an der Reihenuntersuchung prognostizieren lässt. Sie stützten sich vor allem auf Theorien bezüglich der Vorstellungen über die Gesundheit und den eigenen Körper.

Borrayo & Jenkins (2001) und Borrayo et al. (2005) haben mexikanische Frauen zu Gesprächsrunden eingeladen, um zu erfahren, was sie von der Brustkrebsreihenuntersuchung hielten. In ihrer Studie gingen sie davon aus, dass möglicherweise kulturelle Faktoren die Teilnahme der Frauen an einer solchen Untersuchung beeinflussten. Ihrer Theorie zufolge empfanden die lateinamerikanischen Frauen generell die Brustkrebsreihenuntersuchung als ein Risiko. Es zeigte sich, dass die Frauen drei Gründe für ihre Zurückhaltung anführten: Zum einen fühlten sie sich zu dem Zeitpunkt völlig gesund, außerdem war ihnen die Untersuchung an sich suspekt, denn sie hielten sie für anstößig, und schließlich hatten sie Angst vor den möglichen negativen Folgen der Untersuchung. Deshalb empfanden sie die Reihenuntersuchung in mehrfacher Hinsicht als riskant und lehnten die Teilnahme ab.

In einer anderen Studie ging es um Faktoren, mit denen sich die Einstellung zur Brustkrebsvorsorgeuntersuchung in der Gesellschaft prognostizieren lässt (Murrey & McMillan, 1993). Vor allem zwei Aspekte waren dabei interessant: Das Abtasten der Brust durch die Frauen selbst und ihr Vorsorgeverhalten. 391 Frauen wurden gebeten, einen Fragebogen auszufüllen, in dem nach ihrem Vorsorgeverhalten gefragt wurde sowie nach ihren Einstellungen und Vorstellungen bezüglich der Gesundheit. Es stellte sich heraus, dass etwa 28 Prozent der Frauen regelmäßig Vorsorgeuntersuchungen wahrnahmen, 28 Prozent nur gelegentlich und alle anderen nur selten oder gar nicht. Die Frauen, die einen Gebärmutterabstrich machen ließen, tasteten auch häufiger ihre Brust ab. Am häufigsten nahmen verheiratete, berufstätige und religiös gläubige Frauen im Alter von 35 bis 54 Jahren an der Reihenuntersuchung teil. Als Grund, sich der Reihenuntersuchung zu verweigern, wurde meistens angeführt, man wisse nicht genau, welche Untersuchungen durchgeführt würden und habe Angst, es könne ein „Knoten" in der Brust entdeckt werden. Die Analyse der Daten sollte Aufschluss über die psychologischen Faktoren geben, mit denen sich die besten Prognosen für die Beteiligung an der Reihenuntersuchung aufstellen ließen. Zwei Dinge spielten dabei eine wichtige Rolle: Zum einen vertrauten die Frauen auf ihre eigene Fähigkeit, ihre Brust selbst gründlich abzutasten, und zum anderen hatten sie Angst und Befürchtungen wegen der möglichen Folgen der Untersuchung.

Fazit

Will man die Bevölkerung mit öffentlichen Gesundheitsprogrammen dazu bringen, Vorsorgeuntersuchungen wahrzunehmen, muss man zunächst einmal die Gründe kennen, die sie davon abhalten. Die Studien haben gezeigt, dass es in der Gesundheitspsychologie von Nutzen ist, die Vorstellungen der Menschen von Gesundheit zu kennen, um ihre Einstellung zur Teilnahme an Vorsorgeuntersuchungen vorhersagen zu können. Bei der Brustkrebsvorsorge hat sich gezeigt, dass der Glaube an die Effizienz der eigenen Brustuntersuchung durch gründliches Abtasten sowie die Angst vor möglichen negativen Ergebnissen die wichtigsten psychologischen Faktoren sind, die die Einstellung gegenüber der Reihenuntersuchung bestimmen.

42 Warum werden wir krank?

Die Rolle der Psychologie für das Auftreten von Krankheiten

Unsere heutige Auffassung von Krankheit wird im Wesentlichen von der Biologie bestimmt. Muss der Arzt einem Patienten mitteilen, es sei bei ihm ein Karzinom festgestellt worden, so bedient er sich dazu in erster Linie der Medizinersprache und redet von dem betroffenen Organ und von der Erkrankung als einer Funktionsstörung, für die es verschiedene pathologische Ursachen gibt.

Doch sind das die einzigen Gründe, die uns krank werden lassen? Schon Descartes hat gesagt: „Ich bin zu der Überzeugung gelangt, dass der wichtigste Aspekt für die Gesundheit – auf jeden Fall für die meinige – die Frage ist: Bin ich glücklich oder nicht? Denn bin ich nicht glücklich, so werde ich krank."

Heute interessiert sich die Forschung dafür, welche Rolle die Psychologie insbesondere beim Auftreten von Krebserkrankungen spielt. Diese Frage ist wichtig, aber schwer einzugrenzen, weil der Zusammenhang zwischen psychologischen Faktoren und Krebs nicht einfach ist. Es sind immer auch noch andere Faktoren daran beteiligt. Dennoch haben etliche Studien gezeigt, dass psychologische Aspekte die Entstehung eines Karzinoms beeinflussen.

Die amerikanische Wissenschaftlerin Lydia Temoshok interessierte sich dafür, welche Verhaltensweisen und Persönlichkeitszüge Menschen des so genannten Persönlichkeitstyps C für Krebserkrankungen prädisponieren, so wie andere, die dem Typ A zugerechnet werden, für Erkrankungen der Herzkranzgefäße anfällig sind. Zu diesem Zweck stellte sie etliche Eigenschaften zusammen, die den Persönlichkeitstyp C charakterisieren: Es handelt sich bei ihm um einen liebenswerten, kooperativen und angenehmen Menschen, der von anderen abhängig ist, ein großes Verantwortungsgefühl besitzt und seine eigenen Gefühle in den Hintergrund stellt, der sich Autoritäten und sozialen Normen unterwirft, seine negativen Empfindungen und vor allem seine Aggressionen verdrängt, Konflikten aus dem Wege geht und leicht depressiv reagiert. Lydia Temoshok hat den Vorhersagewert dieser Persönlichkeitseigenschaften getestet und aufgezeigt, dass sie für den Ausbruch einer Krebserkrankung eine Rolle spielen, d.h., dass sie Faktoren darstellen, die insbesondere das Risiko erhöhen, an bestimmten Krebsarten wie Brust- oder Hautkrebs zu erkranken.

Die bei Personen des Typs C zu beobachtende Unterdrückung der Gefühle ist an zahlreichen Patienten häufig untersucht worden. In all diesen Arbeiten zeigte sich immer wieder das Phänomen der Alexithymie, d.h. der Unfähigkeit, Gefühle auszudrücken oder zu beschreiben.

Vor einer Mammographieuntersuchung wurden 200 Frauen gebeten, einen Persönlichkeitstest auszufüllen. Bei 13 von ihnen wurde durch die Mammographie ein Karzinom diagnostiziert. Verglich man ihre Antworten in dem Persönlichkeitstest mit denen der anderen Frauen, so war festzustellen, dass sie sehr viel stärker zur Unterdrückung von Gefühlen neigten (Todarello et al., 1989).

In anderen Arbeiten (Grossarth-Maticek, 1988, 1990) wurden noch weitere Persönlichkeitszüge ermittelt, die für eine Krebserkrankung prädisponieren. Demnach sind stark von einer anderen Person oder einer als ideal empfundenen Situation abhängige Menschen mit geringem Selbstwertgefühl, die befürchten, von der idealisierten Person verlassen zu werden, äußerst gefährdet, an Krebs zu erkranken. Aus diesen Studien ging hervor, dass die Mortalitätsrate aufgrund von Krebs in dieser Personengruppe wesentlich höher lag als bei jenen, die für Erkrankungen des Herz-Kreislauf-Systems anfällig sind.

Infolge dieser Arbeiten haben Mckenna et al. (1999) 46 Studien über den Zusammenhang zwischen Persönlichkeitszügen des Typs C und Brustkrebs einer Metaanalyse unterzogen. Ihre statistischen Auswertungen ergaben eine signifikante Korrelation zwischen Brustkrebs und unterdrückten Gefühlen und Konfliktvermeidung.

Aus anderen Untersuchungen (Kune, 1991) ging hervor, dass diese Persönlichkeitszüge auch mit dem Auftreten weiterer Krebsarten, etwa dem Darmkrebs in Verbindung stehen. Denn es konnte nachgewiesen werden, dass negative Emotionen, das Bedürfnis, die eigene Kompetenz ständig unter Beweis zu stellen sowie das Vermeiden von Konflikten ebenfalls Gefahren darstellen, und zwar unabhängig von den bei dieser Krebsart üblicherweise berücksichtigten Risikofaktoren wie Ernährung, Alkoholkonsum oder erbliche Veranlagung.

Fazit

Mit unserem rein medizinischen Wissen allein lässt sich das Auftreten von Krankheiten nicht erklären. Verschiedene psychologische Aspekte und Persönlichkeitszüge spielen dabei ebenfalls eine Rolle und stellen weitere Risikofaktoren dar. Krankheit ist also nicht nur eine Frage von Zellen und Genen. Psychologische Faktoren müssen beim Ausbruch und Verlauf von Krankheiten ebenfalls berücksichtigt werden, auch wenn sich ihr Einfluss nicht mit den gleichen Einheiten „messen" lässt wie bei den biologischen Indikatoren.

43 Warum schwächt Stress die Abwehrkräfte unseres Körpers?

Stress und seine Auswirkung auf das Immunsystem

Stress wird heute mit etlichen Krankheiten in Verbindung gebracht. Ein neuer Forschungszweig untersucht, über welche physiologischen Bahnen sich Stress und Emotionen schädigend auf unsere Gesundheit und unser Immunsystem auswirken.

Die neue Fachrichtung der Psychoneuroimmunologie erforscht die Interaktionen zwischen Nerven- und Immunsystem. Sie geht von der Tatsache aus, dass sich der Stress, dem ein Mensch ausgesetzt ist, über das Nervensystem auf das Immunsystem auswirkt und somit für den Ausbruch bestimmter Krankheiten verantwortlich sein kann.

Die wesentliche Aufgabe des Immunsystems besteht bekanntlich darin, organismusfremde Substanzen, die so genannten Antigene, zu erkennen und zu beseitigen. Das Immunsystem wird auf zweierlei Weise aktiv: über den Prozess der zellulären und über den der humoralen Immunantwort. Bei der zellulären Reaktion treten spezielle Typen weißer Blutkörperchen in Aktion, die Lymphozyten. Sie produzieren entweder spezifische Antikörper (B-Lymphozyten) oder aber solche, die sich an die fremden Zellen heften, um diese zu zerstören und eine angemessene Immunreaktion auszulösen (T-Lymphozyten). Die Forschung hat sich insbesondere dafür interessiert, wie sich Stress auf das Immunsystem auswirkt und wie er die Immunreaktion des Organismus auf Krankheitskeime verändern kann.

Die beiden nordamerikanischen Psychologen Suzanne Segerstrom und Gregory Miller (2004) haben annähernd 300 Studien über die Verbindung von Stress und Immunsystem, die in den vergangenen vierzig

Jahren von 1960 bis 2001 in wissenschaftlichen Zeitschriften veröffentlicht wurden, einer Metaanalyse unterzogen. An diesen Untersuchungen hatten insgesamt 18.941 zumeist gesunde Personen aller Altersgruppen teilgenommen. Ihre Ergebnisse erbrachten die grundlegende Bestätigung, dass Stress das Immunsystem des Menschen ganz eindeutig beeinflusst. Sie unterschieden fünf Stresskategorien:

* hohen akuten, aber auf die Zeit des Tests im Labor beschränkten Stress (vor Publikum reden, Kopfrechnen);
* kurz andauernder Stress in natürlicher Umgebung: kurzzeitige Herausforderungen, wie sie im Alltag vorkommen (akademische Prüfungen);
* Stress auslösende Ereignisse: etwa der Verlust eines Ehepartners oder eine größere Naturkatastrophe. Das sind Ereignisse, die für eine gewisse Zeit unter Stress setzen, aber dieser Zustand dauert nicht ewig an;
* chronischen Stress: allgegenwärtige Anforderungen, die einen Menschen zwingen, seine Identität oder sein Rolle in der Gesellschaft ganz neu zu definieren, ohne dass die Aussicht auf Besserung oder auch nur eine Atempause besteht (Verletzungen, die zu dauerhafter Invalidität führen, Pflege eines schwer demenzkranken Familienmitglieds, Verlust der Heimat aufgrund von Krieg);
* nachhaltige Stressfaktoren aus der Vergangenheit: lange zurückliegende traumatische Erlebnisse, die dauerhafte emotionale und kognitive Folgen haben und sich deshalb auf das Immunsystem auswirken (Misshandlungen, Kriegstraumata, Kriegsgefangenschaft).

Sie untersuchten auch die Wirkung verschiedener Stressfaktoren auf diverse Parameter der Immunantworten, wie die natürliche und die spezifische Immunreaktion. Die natürliche Immunantwort erfolgt bekanntlich rasch und auf nicht spezifische Weise mithilfe aller Zellen, die in der Lage sind, zahlreiche Krankheitserreger zu bekämpfen und dabei Fieber und Entzündungen hervorrufen. Für die spezifische Immunreaktion sind die Lymphozyten zuständig (B- und T-Zellen). Sie erfolgt langsamer, ist aber effizienter. Zu ihr gehören sowohl die zellulären Immunantworten, die Krankheitserreger innerhalb der Zellen bekämpfen (Viren), als auch die humoralen Reaktionen, die sich gegen pathogene Keime außerhalb der Zellen richten (Bakterien, Parasiten).

Wissenschaftler haben im Blut Marker für diese unterschiedlichen Immunantworten gefunden. Und deshalb waren Sederstrom und Miller in der Lage zu evaluieren, wie die einzelnen Typen von Immunreaktionen mit verschiedenen Arten von Stress korrelieren. Ihrer Ansicht nach bestätigten die Ergebnisse der Metaanalyse, dass Stress auslösende Ereignisse immer mit Veränderungen des Immunsystems einhergehen, und dass die Art dieser Ereignisse ausschlaggebend dafür ist, welche Veränderung hervorgerufen wird. So führen akute Stresssituationen zu einer Reaktion vom Typ „Angriff/Flucht" und bewirken, dass sich das Immunsystem entsprechend auf eine mögliche Infektion oder Verletzung einstellt. Chronische Stressfaktoren gingen am stärksten mit einer allgemeinen Schwächung des Immunsystems einher. Dabei spielte die Dauer des Stresses eine wesentliche Rolle: Je länger die Stresssituation anhielt, umso größer war die Gefahr, dass eine potenziell angemessene Immunreaktion durch eine möglicherweise schädliche ersetzt wurde.

Deshalb könnten Stressoren, die die Psyche eines Menschen erschüttern, der „kein Licht am Ende des Tunnels sieht", die stärksten Auswirkungen auf Seele und Körper haben.

Und schließlich stellten Segerstrom und Miller (2004) fest, dass Alter und Krankheit einen Menschen stressanfälliger machen, eine Beobachtung, die sie mit einer verringerten Leistung des Immunsystems in Verbindung brachten. Ihrer Meinung nach erschweren Krankheit und Alter die Fähigkeit des Körpers zur Autoregulierung. Die beiden Forscher meinten also, dass sich die Art und Weise, wie Stressfaktoren Veränderungen im Immunsystem hervorrufen, signifikant darauf auswirkt, wie gefährdet gesunde Menschen für Krankheiten sind. Ihrer Ansicht nach, sei es jetzt die Aufgabe der Psychoneuroimmunologie herauszufinden, ob die Veränderungen im Immunsystem die Ursache dafür sind, dass Stress potenziell krank macht.

Bereits früher hatten andere Forscher (Herbert & Cohen, 1993) 38 Studien über den Zusammenhang von Stress und Immunsystem einer Metaanalyse unterzogen und waren zu den gleichen Schlussfolgerungen gelangt, dass nämlich Stress systematisch zu Veränderungen in der Funktionsweise des Immunsystems führt. Sie stellten ebenfalls fest, dass die Immunantwort davon abhing, wie lange der Stress anhielt. Dieser Aspekt wurde vor allem am Beispiel von Paarbeziehungen untersucht, und auch hier zeigte sich ein Zusammenhang zwischen der Qualität der Beziehung und der Gesundheit. Dieser Zusammenhang wurde im Rahmen von Arbeiten über Stress und die Rolle des Immunsystems untersucht.

Kiecolt-Glaser et al. (1987, 2003) haben erforscht, wie die Qualität der Paarbeziehung in der Ehe und die Reaktionen des Immunsystems miteinander zusammenhängen.

Ihre erste Studie (1987) ergab, dass sich eine schlechte Paarbeziehung in der Neigung zu Depressionen und in einem geschwächten Immunsystem äußerte. Außerdem beobachteten sie, dass das Immunsystem bei Frauen kurz nach einer Trennung von ihrem Partner schwächer reagierte als das von verheirateten Frauen. Und schließlich erwiesen sich die Zeit, die seit der Trennung vergangen war, sowie die Bindung an den Ex-Partner als Faktoren, anhand derer sich die Variabilität der Immunantworten prognostizieren ließ.

In ihrer zweiten Studie (2003) ermittelten sie den Stresshormonspiegel bei Paaren im ersten Ehejahr und untersuchten, ob zwischen der Höhe dieses Spiegels und der Zufriedenheit des Paares zehn Jahre später, bzw. ihrem Familienstand zu diesem Zeitpunkt ein Zusammenhang bestand. Es zeigte sich, dass die inzwischen geschiedenen Paare im ersten Ehejahr bei Konflikten tagsüber und auch nachts ein höheres Stressniveau hatten als jene, die nach zehn Jahren noch verheiratet waren. Und die Paare, die nach zehn Jahren zwar immer noch zusammen lebten, sich in ihrer Ehe aber nicht sehr glücklich fühlten, hatten einen höheren Stresshormonspiegel aufgewiesen, als jene, die mit ihrer Ehe zufrieden waren. Diese Daten lassen vermuten, dass die Stressreaktionen im ersten Ehejahr Indikatoren darstellen, die Voraussagen darüber erlauben, ob ein Paar auch noch nach zehn Jahren mit seiner Beziehung zufrieden oder aber geschieden sein wird.

Fazit

Die erste Studie bestätigt die Ergebnisse zahlreicher wissenschaftlicher Arbeiten, wonach der chronische Stress von allen Stressarten die Funktionsweise des Immunsystems am stärksten beeinträchtigt und verändert. Die zweite veranschaulicht dies sehr deutlich, denn das tägliche Zusammenleben mit einem stressigen Ehepartner schwächt die Widerstandskräfte. Sollte Ihr Partner Ihnen ständig auf die Nerven gehen, ziehen Sie die Konsequenz und warten Sie nicht so lange, bis Sie krank werden!

44 Werden Sie eher krank, wenn Sie gestresst sind?

Stressige Lebensereignisse und Krankheit

Stress ist eine der Ursachen, die regelmäßig angeführt wird, um den Ausbruch einer Krankheit oder ihren Verlauf zu erklären. Denn Patienten äußern häufig den Gedanken, Stress sei schuld an ihrer Krankheit. Aber trifft das auch zu?

Die am weitesten verbreitete Vorstellung vom Zusammenhang zwischen Stress und Krankheit lautet, Stress mache krank, weil dabei seelische und körperliche Faktoren sowie bestimmte Verhaltensweisen über einen längeren Zeitraum hinweg zusammenspielen.

Johnston (2002) hat ein Modell für den Zusammenhang zwischen Stress und Krankheit entwickelt und gezeigt, dass Stress in erster Linie über das Zusammenwirken von chronischen und/oder akuten Mechanismen eine Krankheit auslösen kann. Durch den Ausstoß vom Katecholaminen bewirkt Stress vor allem physiologische Veränderungen im Aktivierungsgrad des sympathischen Nervensystems, und durch die Produktion von Cortisol beeinflusst er den Regelkreis von Hypophyse,

Hypothalamus und Nebennierenrinde. Diese physiologischen Veränderungen können sich direkt auf die Gesundheit auswirken und zu Erkrankungen führen.

In zahlreichen Studien wurde versucht, einen Zusammenhang zwischen einer Krebserkrankung sowie deren Verlauf und entscheidenden Stress auslösenden Ereignissen im Leben des Betroffenen aufzuzeigen. Denn obwohl die Medizin in den vergangenen Jahren große Fortschritte zu verzeichnen hat, bleiben noch viele Fragen unbeantwortet: Warum kommt es zur Bildung eines Karzinoms? Warum schreitet die Krankheit manchmal rasch voran? Warum bekämpft der Organismus sie nicht in allen Fällen? Warum beginnen die bösartigen Zellen ab einem gewissen Zeitpunkt wild zu wuchern? Am überraschendsten sind die Forschungsarbeiten, die einen signifikanten Zusammenhang zwischen ganz besonders stressreichen Ereignissen im Leben der Patienten, wie etwa einer Trennung oder dem Verlust eines geliebten Menschen, und ihrer Krebserkrankung aufdecken konnten. Ganz besonders deutlich zeigte sich ein solcher Zusammenhang immer dann, wenn derartige Ereignisse als Verlust des Lebenssinns erlebt wurden.

McKenna et al. (1999) haben die Arbeiten über den Zusammenhang zwischen Stress auslösenden Ereignissen und dem Auftreten von Brustkrebs einer Metaanalyse unterzogen. Dazu wählten sie 46 Studien aus und richteten ihr Augenmerk auf acht Kategorien von Faktoren: Angst – Depression, familiäres Umfeld in der Kindheit, Konflikt suchende – Konflikt meidende Persönlichkeit, Verleugnung – Verdrängung, Äußerung von Wut, Introvertiertheit – Extravertiertheit, Stress auslösende Erlebnisse und Trennung – Verlust. Es fanden sich signifikante Zusammenhänge für die Kategorien Verleugnung – Verdrängung, Trennung - Verlust und Stress auslösende Erlebnisse.

In einer Synthese von 75 Studien über die psychosozialen Faktoren, die für die Entstehung eines Karzinoms eine Rolle spielen, hatte sich bereits Leshan (1959) für die Stress auslösenden Ereignisse interessiert.

Sie stellte fest, dass ein so einschneidendes Erlebnis wie der Tod eines nahe stehenden Menschen, d.h. die Erfahrung eines entscheidenden emotionalen Verlustes, der wichtigste Prädiktor für eine mögliche Krebserkrankung ist.

Um die Folgen sehr gravierender Ereignisse für die Gesundheit zu ermitteln, wurden etliche Methoden entwickelt, die Aufschluss darüber geben sollen, welche Stressfaktoren die größte psychologische Wirkung ausüben.

Holmes und Rahe (1967) zählten zu den ersten, die eine Rangskala zur Erfassung der wichtigsten Ereignisse im Leben eines Menschen entwickelten. Sie gingen von dem Gedanken aus, dass Stress die Folge größerer Erschütterungen ist, die einen Menschen dazu veranlassen, sein Leben neu zu gestalten. Auf der Grundlage einer an 5.000 Personen durchgeführten Umfrage über ihre Lebensweise stellten sie eine Liste von 43 Ereignissen zusammen, die im Leben eines Menschen einen wichtigen Platz einnehmen. Jedem dieser Ereignisse ordneten sie einen Standardwert zu und baten dann eine repräsentative Stichprobe von 394 Personen, auf einer Skala von 0 bis 100 einzutragen, welchen Stellenwert jedes dieser Ereignisse in ihrem eigenen Leben hätte. Auf diese Weise erhielten sie für jedes Ereignis einen mittleren Wert für die Höhe des jeweiligen Stressfaktors: 100 für den Tod eines Ehepartners, 50 für die Heirat, 73 für die Scheidung usw. Addierte man die Punkte der einzelnen Ereignisse, die ein Mensch erlebt hatte, erhielt man den Gesamtstresswert. Diese Rangskala zur Erfassung stressiger Lebensereignisse wurde „Social Readjustment Rating Scale" genannt. Die ersten 15 Items dieser Skala sind in Tabelle 7.2 aufgeführt.

Aus Studien, in denen diese Skala eingesetzt wurde, ging hervor, dass ein Zusammenhang zwischen dem Stresswert und diversen gesundheitlichen Problemen besteht.

In einer prospektiven Studie, an der 2.500 Seeleute teilnahmen, die für sechs bis acht Monate auf See gingen, konnten Rahe et al. (1970)

Tabelle 7.2 Die ersten 15 Items der Stresstabelle von Holmes und Rahe (1967).

Rang	Ereignis	Stresswert
1	Tod des Ehepartners	100
2	Scheidung	73
3	Trennung	65
4	Haftstrafe	63
5	Tod eines nahen Angehörigen	63
6	Verletzung oder Krankheit	53
7	Heirat	50
8	Arbeitsplatzverlust	47
9	Versöhnung mit dem Partner	45
10	Ruhestand	45
11	Veränderung im Gesundheitszustand eines Familienmitglieds	44
12	Schwangerschaft	40
13	Sexuelle Störungen	39
14	Familienzuwachs	39
15	berufliche Veränderung	39

feststellen, dass ein signifikanter Zusammenhang zwischen den Stress erzeugenden Ereignissen vor Antritt der Reise und der Anzahl der gesundheitlichen Probleme bestand, die an Bord auftraten. Die Forscher errechneten, dass 70 Prozent derjenigen, die einen Gesamtstresswert von über 300 erreicht hatten, sowie die Hälfte derjenigen, deren Stresswert zwischen 150 und 300 lag, im darauf folgenden Jahr erkrankten.

Aus weiteren prospektiven Studien (Rahe, 1988) ging hervor, dass sich im Leben von schwerkranken Menschen zwei Jahre vor Ausbruch der Krankheit gravierende Veränderungen vollzogen hatten.

Trotz aller Kritik, wurde diese Methode häufig eingesetzt.

Fazit

Die „Menge" des Stresses, der durch ein Ereignis im Leben eines Menschen ausgelöst wird, lässt sich schwer messen. Ein Zusammenhang zwischen solchen Stressfaktoren und der Gefahr zu erkranken, ist nicht gesichert und auch nicht in allen Fällen gleich stark ausgeprägt. Nicht das eigentliche Ereignis spielt die größte Rolle für Stress, sondern die damit einhergehende Erschütterung und deren psychologische Folgen.

45 Warum wird ein Mensch herzkrank?

Verhaltensweisen des Typs A und die Auswirkungen auf Herz-Kreislauf-Erkrankungen

Möglicherweise kennen auch Sie jemanden, der herzkrank ist. Haben Sie sich schon einmal gefragt, was diese Krankheit auslöst?

Zu den ersten, die sich die Frage stellten, ob Persönlichkeitszüge oder bestimmte Verhaltensweisen das Auftreten von Herz-Kreislauf-Problemen erklären könnten, zählten die beiden amerikanischen Kardiologen Friedman und Rosenman (1959). Ihr Interesse wurde dadurch geweckt, dass ein Polsterer, der die Stühle im Wartezimmer der Praxis von Dr. Friedman neu beziehen sollte, darüber erstaunt war, dass bei allen Stühlen lediglich die Vorderkante abgenutzt war, so als hätten die Patienten ungeduldig, ständig auf dem Sprung und gehetzt oder voller Sorge nur auf der Kante des Stuhls gesessen. Diese Beobachtung veranlasste sie, ihre Aufmerksamkeit dem Umstand zu widmen, dass die meisten ihrer Patienten gestresst und aggressiv wirkten, sich

Tabelle 7.3 Einige Items aus dem Barefoot-Fragebogen.

1) Fühlen Sie sich manchmal unter Druck?

2) Halten Sie sich für eher fleißig und ehrgeizig oder für entspannt und einen Lebenskünstler?

3) Lassen Sie es Ihre Umwelt wissen, wenn Sie wütend sind? Wie zeigen Sie Ihren Zorn?

4) Nehmen Sie sich Arbeit mit nach Hause? Machen Sie das häufig?

5) Ärgert es Sie, wenn ein Auto vor Ihnen zu langsam fährt? Wie verhalten Sie sich in so einem Fall?

6) Was regt Sie mehr auf, Ihre Arbeit oder die Leute, mit denen Sie zusammenarbeiten?

7) Essen/gehen Sie schnell? Bleiben Sie nach der Mahlzeit noch eine zeitlang am Tisch sitzen oder stehen Sie sofort auf?

8) Sind Sie meistens in Eile?

nur auf ihren gesellschaftlichen Erfolg konzentrierten und ständig unter Zeitdruck standen. Sie fragten sich deshalb, ob möglicherweise ein Zusammenhang zwischen den Herzproblemen ihrer Patienten und deren Lebensweise bestand.

In einer neunjährigen Studie beobachteten sie 3.000 Männer im Alter von 35 bis 59 Jahren. Während dieser Zeit befragten sie die Patienten nach ihrer Arbeit und nach ihren Ernährungsgewohnheiten. Außerdem notierten sie die Art und Weise, wie sich die Patienten ausdrückten, sowie noch andere Aspekte ihres Verhaltens. Aufgrund dieser Daten kristallisierten sich verschiedene Verhaltenstypen heraus. Zu „Typ A" zählten sie die Patienten, die am heftigsten reagierten, am aggressivsten und ungeduldigsten waren und am leichtesten in Rage gerieten sowie zu unbeherrschtem Verhalten neigten. Eher entspannte und ruhige Patienten ordneten sie dem „Typ B" zu. Nach Abschluss ihrer Studie stellten sie fest, dass 69 Prozent der Patienten, die in der Zwischenzeit einen Herzinfarkt erlitten hatten, dem Typ A angehörten.

Auf der Grundlage dieser Erfahrung erstellten sie ein Verhaltensprofil für den Persönlichkeitstyp A, dessen Eigenschaften ihn ganz besonders anfällig für koronare Herzerkrankungen machen. Später wurden die charakteristischen Eigenschaften dieses Persönlichkeitstyps auch mit Fragebögen wie dem von Barefoot (1992) erfasst. In Tabelle 7.3 sind einige dieser Items als Beispiel aufgeführt.

Von allen Komponenten, die das Verhalten des Typs A ausmachen, wirken sich Misstrauen und Wut in Verbindung mit aggressiven Reaktionen am schädlichsten aus. Das haben spätere Forschungsarbeiten (Matthews et al., 1977) ergeben. Bestimmte psychologische Eigenschaften, v. a. Misstrauen, stellen also Risikofaktoren für das Herz-Kreislauf-System dar. In zahlreichen prospektiven Studien konnte nachgewiesen werden, dass das Verhaltensprofil des Typs A in Verbindung mit einem hohen Grad an Feindseligkeit das Risiko einer Herz-Kreislauf-Erkrankung signifikant erhöht, und dass Personen, die sowohl feindselig sind als auch ihre Wut nicht äußern (Hecker et al., 1988) ein signifikant erhöhtes Mortalitätsrisiko aufweisen. Heute ist man der Auffassung, dass sich die Gefahr einer Herz-Kreislauf-Erkrankung anhand von psychologischen Faktoren absolut zuverlässig vorhersagen lässt.

Auch andere Studien (Williams, 1993) haben bestätigt, dass Personen vom Typ A nicht so sehr durch ihren hektischen Lebensstil gefährdet sind, sondern vielmehr durch negative Gefühle wie Feindseligkeit oder Wut in Verbindung mit Aggression. Diese psychologischen Eigenschaften stellen Risikofaktoren dar, die für eine koronare Herzkrankheit prädestinieren.

Das Verhaltensmuster vom Typ A ist also ein besserer Indikator für Herz-Kreislauf-Erkrankungen als all die anderen Risikofaktoren, die normalerweise angeführt werden, etwa das Rauchen, Übergewicht und eine überwiegend bewegungsarme Lebensweise. Friedman und Rosenman zufolge entsprachen drei

Viertel der von ihnen untersuchten Männer diesem Verhaltensschema, hinter dem sich, zugegeben oder nicht, eine erhebliche Wut und Feindseligkeit verbergen.

In Fortsetzung dieser Arbeiten konfrontierte der Psychologe Glass (1977) Männer vom Typ A und vom Typ B in einem Experiment mit Situationen, die sie als bedrohlich empfinden mussten. Zuerst wurden die Probanden in einen Raum geführt, in dem sie starkem Lärm ausgesetzt waren. Danach erhielten sie eine Aufgabe, die nicht lösbar war. Es zeigte sich, dass die Männer vom Typ A eher dazu neigten, sich übermäßig anzustrengen, und dass sie unter der nicht kontrollierbaren Situation stärker litten. Sie reagierten weniger effizient als die Männer vom Typ B und fühlten sich ohnmächtig und verzweifelt.

Personen vom Typ A sind offenbar aufgrund ihres Verhaltens anfälliger für Stress, weil sie sich zu hohe Ziele setzen und dadurch in einen Teufelskreis von Scheitern und Überforderung geraten, wodurch sie sich noch mehr gefährden.

Fazit

Interessant an diesen Studien ist, dass unsere Verhaltensweisen unsere Gesundheit ebenso beeinflusst wie unsere Ernährungsgewohnheiten oder unsere Lebensweise und dass diese Verhaltensweisen als Risikofaktor für Herz-Kreislauf-Erkrankungen anzusehen sind. Sollten Sie also ehrgeizig, aggressiv, misstrauisch und wettbewerbsorientiert sein und nicht zögern, andere für die Erreichung ihrer eigenen Ziele beiseite zu drängen, so gehören auch Sie zu jener Gruppe, die statistisch gesehen am häufigsten einen Herzinfarkt erleidet. Denken Sie deshalb daran, regelmäßig einen Kardiologen aufzusuchen!

8

Umgang mit Krankheit

Inhalt

46 Warum fühlen Sie sich nach einem Arztbesuch gleich besser?

Wie sich das Verhalten des Arztes auf die Genesung seiner Patienten auswirkt

Kennen Sie dieses Gefühl auch? Sie kommen gerade aus der Sprechstunde Ihres Arztes und schon fühlen Sie sich irgendwie besser, obwohl Sie mit der verordneten Therapie noch gar nicht begonnen haben? Vom Arzt an sich kann nämlich bereits eine therapeutische Wirkung ausgehen. Nicht nur seine medizinische Kompetenz, sondern auch die Art und Weise, wie er seine Patienten empfängt und wie das Gespräch mit ihm verläuft, kann einen beachtlichen Effekt auf die Heilung haben.

Thomas (1987) hat deshalb untersucht, in wieweit der Verlauf und der Ausgang eines Arztbesuches das Befinden der Patienten beeinflussen. Dazu beobachtete er 200 Patienten, die die allgemeinärztliche Sprechstunde des Medical Center von Aldermoore (Vereinigtes Königreich) aufsuchten. Die Patienten kamen aufgrund geringfügiger Beschwerden (Husten, Erkältung, Bauchschmerzen, Hexenschuss, Schwindel, Schmerzen in den Beinen, Kopfschmerz, Erschöpfung, verstopfte Nase, Muskelschmerzen usw.), für die keine körperlichen Ursachen feststellbar waren. Es handelte sich also ausschließlich um Patienten mit unerheblichen gesundheitlichen Problemen, die keine spezielle Therapie erforderten.

Diese 200 Patienten wurden je nach Art und Ausgang ihres Gesprächs mit dem Arzt in vier Versuchsgruppen zu jeweils 50 Personen eingeteilt: Die Konsultation verlief entweder positiv oder negativ, die Patienten erhielten entweder ein Rezept oder auch nicht. Bei den Patienten der Gruppe „positive Konsultation" traf der Arzt eine eindeutige Diagnose und versicherte, das Befinden der Patienten werde sich in einigen Tagen mit Sicherheit bessern. Dabei konnte er ihnen entweder eine bestimmte Behandlung verschreiben, die seiner Ansicht nach sehr wirksam war, oder aber er stellte kein Rezept aus und sagte, die Symptomatik erfordere keine Therapie und werde von allein wieder verschwinden. Im Fall einer „negativen Konsultation" teilte der Arzt dem Patienten mit, er sei sich über die Ursache der Beschwerden nicht sicher, und fügte entweder hinzu: „Ich verschreibe Ihnen deshalb lieber nichts" oder: „Ich bin mir nicht sicher, ob die Behandlung, die ich Ihnen verordne, auch wirklich Erfolg haben wird". Unabhängig davon, ob der Patient ein Rezept erhielt, endeten diese negativen Konsultationen stets mit dem Hinweis, der Patient möge in einigen Tagen noch einmal kommen, sollte es ihm nicht besser gehen.

Stellte der Arzt ein Rezept aus, handelte es sich in jedem Fall nur um ein Placebo.

Sobald die Patienten das Sprechzimmer des Arztes verließen, bat die Sprechstundenhilfe sie, einen Fragebogen auszufüllen, da gerade eine Umfrage über die Zufriedenheit der Patienten durchgeführt werde. Mit diesem Fragebogen sollte vor allem ermittelt werden, wie zufrieden die Patienten mit dem Arzt-Patienten-Verhältnis waren.

Zwei Wochen später wurden die Patienten gefragt, ob es ihnen inzwischen besser gehe und wie viele Tage nach ihrem Arztbesuch die Besserung eingetreten sei.

Aus den unmittelbar nach dem Arztbesuch ausgefüllten Fragebögen ging hervor, dass die Patienten im Allgemeinen zufriedener waren, wenn die Konsultation positiv verlaufen war. Auf die Frage „Inwieweit fühlen Sie sich nach dem Besuch beim Arzt besser?" antworteten die Patienten der Gruppe „positive Konsultation" mehrheitlich, dass sie sich sehr viel besser (39 Prozent) oder etwas besser (32 Prozent) fühlten. Die der Gruppe „negative Konsultation" hingegen gaben an, sie fühlten sich überhaupt nicht besser (33 Prozent), viel besser (22 Prozent) oder ein wenig besser (17 Prozent).

Zwei Wochen nach dem Arztbesuch war festzustellen, dass sich die Art und Weise des Arzt-Patienten-Gesprächs signifikant auf das Befinden der Patienten ausgewirkt hatte (Abbildung 8.1). Aus der Gruppe der „positiven Konsultation" ging es sehr viel mehr Patienten besser (64 Prozent) als denen aus der Gruppe der „negativen Konsultation"

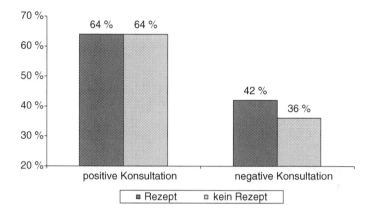

Abb. 8.1 Verbessertes Befinden der Patienten nach zwei Wochen (in Prozent)

(39 Prozent). Der Ausgang des Gesprächs wirkte sich hingegen nicht signifikant aus: 53 Prozent der Patienten, denen eine Therapie verordnet worden war, fühlten sich wohler, aber das Gleiche traf auch auf die Hälfte derjenigen zu, die kein Rezept erhalten hatten.

Fazit

Offenbar hatte das Verhalten des Arztes einen größeren Einfluss auf das Befinden seiner Patienten als die Tatsache, ob er ihnen eine Behandlung verschrieb oder nicht. Es sei noch einmal daran erinnert, dass es sich ausschließlich um Patienten mit geringfügigen Beschwerden handelte, die nicht ernsthaft krank waren.

Mit anderen Worten, ist Ihr Arzt davon überzeugt, dass sich Ihr Zustand in wenigen Tagen bessern wird, stehen die Aussichten sehr gut, dass er Recht behält und Sie sich tatsächlich besser fühlen werden!

47 Warum sollten Sie die Anweisungen Ihres Arztes befolgen?

Therapeutischer Effekt der Befolgung ärztlicher Anweisungen

Wenn man krank ist, sollte man etwas dagegen tun, das versteht sich von selbst. Und meistens bedeutet das, dass man Medikamente einnehmen und sich an die Anordnungen seines Arztes halten muss.

In der Medizin galt lange Zeit die Überzeugung, dass es für die Heilung am wichtigsten ist, dass der Patient die vom Arzt verschriebenen Medikamente vorschriftsmäßig einnimmt: Tun Sie, was man Ihnen sagt, und es wird Ihnen besser gehen. Heute weiß man aufgrund neuerer Forschungsarbeiten, dass es gar keine große Rolle spielt, ob es sich bei den verordneten Medikamenten um echte Wirkstoffe oder nur um Placebos handelt. Entscheidend ist die Befolgung der ärztlichen Anweisungen.

Die 1970 in den Vereinigten Staaten veröffentlichte Studie Coronary Drug Project ergab, dass der beste Indikator dafür, ob ein Patient einen Herzinfarkt überlebt, nicht die Tatsache war, ob er das geeignete Medikament zur Senkung seiner Blutfettwerte erhielt oder lediglich ein Placebo, sondern ganz einfach, ob er sich an die Einnahmevorschriften hielt. Außerdem ging aus dieser Studie hervor, dass die Mortalitätsrate der Patienten, die den Anweisungen des Arztes Folge geleistet hatten, nach fünf Jahren geringer ausfiel als bei jenen, die sich darüber hinweg gesetzt hatten. Und das galt nicht nur für die Patienten, die wirksame Arzneimittel erhalten hatten, sondern auch für jene, denen man lediglich Placebos verabreicht hatte.

Im Rahmen einer umfangreich angelegten Studie über die schützende Wirkung von Betablockern nach Herzinfarkten wollten Horwitz et al. (1990) prüfen, ob sich anhand der Nichteinhaltung der Behandlungsvorschriften das Mortalitätsrisiko vorhersagen ließ. Deshalb interessierte es sie auch, ob die Nichtbefolgung der ärztlichen Anweisungen mit bestimmten sozialen Faktoren oder Verhaltensweisen in Zusammenhang stand, etwa damit, ob Patienten, die sich über die ärztlichen Ratschläge hinwegsetzten, Raucher waren oder ein sehr stressreiches Leben führten.

Diese prospektive Studie umfasste 3.837 Männer und Frauen im Alter von 30 bis 69 Jahren. Sie wurden ein erstes Mal sechs Monate nach ihrer Entlassung aus dem Krankenhaus befragt, und dann zwei Jahre lang regelmäßig alle drei Monate noch einmal. Dabei wurden auch psychosoziale Faktoren, die Einhaltung der ärztlichen Anordnungen und klinische Aspekte berücksichtigt. Bei den psychosozialen Faktoren ging es um gesellschaftliche Isolierung, Depressionen, Verhaltensweisen vom Typ A und um Stress. Die Einhaltung der Behandlungsvorschriften wurde anhand der Menge der verordneten und der tatsächlich eingenommenen Arzneimittel ermittelt. Zu den klinischen Aspekten gehörten die Schwere des Infarkts sowie soziodemografische Merkmale. Es zeigte sich, dass die Sterblichkeitsrate bei den Patienten, die sich über die verordnete Therapie hinwegsetzten, nach einem Jahr doppelt so hoch war wie bei denen, die sich an die Vorschriften hielten. Das bedeutet, allein die Einhaltung der ärztlichen Anordnungen halbierte das Mortalitätsrisiko, unabhängig davon, ob die Patienten Betablocker oder Placebos erhalten hatten.

Fazit

Heute hält sich etwa die Hälfte aller Patienten nicht an die Einnahmevorschriften der ihnen verordneten Medikamente (Bauman, 2000). Bei Aids, so haben wissenschaftliche Untersuchungen gezeigt, besteht einerseits ein enger Zusammenhang zwischen dem Fortschreiten der Krankheit und einer unregelmäßigen Einnahme der Medikamente, andererseits tritt bei gewissenhafter Einhaltung der Therapie ein Rückgang der viralen Belastung ein (Spire et al., 2002).

Es ist also keineswegs überflüssig, den ärztlichen Anordnungen Folge zu leisten! Denn wer überzeugt ist, dass ihm die verordnete Behandlung helfen wird, der befolgt sie auch. Medikamente wirken nämlich nicht nur aufgrund ihrer Inhaltsstoffe, sondern auch, weil der Patient an ihre Effizienz glaubt. Denn wer sich an die Einnahmevorschriften hält, erwartet, dass sich sein Befinden dadurch bessern wird.

48 Ist nach einem Herzinfarkt ein besseres Leben möglich?

Psychologische Betreuung und ihre Auswirkung auf Herzpatienten

Nach einer überstandenen Krankheit ist das Leben häufig nicht mehr so wie vorher. Besonders bei Herz-Kreislauf-Erkrankungen hat man sich gefragt, ob die manchmal sehr strengen Behandlungs- und Diätvorschriften nach einem Infarkt nicht einen zusätzlichen Grund für die verminderte Lebensqualität der Patienten darstellen.

Wie bei der koronaren Herzkrankheit ist auch hier das Verhaltensmuster vom Typ A ein ganz wesentlicher Risikofaktor. Wissenschaftler haben sich deshalb die Frage gestellt, ob es die spätere Entwicklung unter Umständen beeinflussen könnte, wenn man auf diesen Risikofaktor einwirkt. Aber lässt sich das Verhalten vom Typ A tatsächlich verändern? Und falls ja, können solche Veränderungen das Leben der Patienten verbessern und die Gefahr eines erneuten Infarkts verringern?

Der amerikanische Kardiologe Friedman hat zusammen mit seinen Mitarbeitern (1986) ein Rehabilitationsprogramm für Herzinfarktpatienten entwickelt und dabei verhaltenspsychologische Techniken eingesetzt. In einer auf fünf Jahre angelegten Studie beobachten sie 862 Patienten, die alle einen Herzinfarkt überstanden hatten. Diese Patienten wurden in drei Gruppen eingeteilt, für die jeweils ein spezielles Rehabilitationsprogramm vorgesehen war: In der einen Gruppe sollte das Verhalten vom Typ A verändert werden, die zweite Gruppe wurde kardiologisch betreut und die dritte auf herkömmliche Weise weiterbehandelt. Das Programm zur Verhaltensänderung umfasste Diskussionen über die mit dem Typ A verbundenen Werte und Überzeugungen, Entspannungs- und Atemübungen als Ergänzung zum körperlichen Training sowie ein Programm zur besseren Stressbewältigung. In der Verhaltenstherapie wurde auch auf Gefühle der persönlichen Unsicherheit, auf Ängste und auf die geringe Selbstachtung eingegangen, die mit dem Verhaltensprofil des Typ A einhergehen. Nach ungefähr fünf Jahren verglich man den Gesundheitszustand der 592 Patienten, die an dem Programm zur Veränderung des Verhaltens vom Typ A teilgenommen hatten, mit dem der 270 anderen, die entweder speziell kardiologisch oder auf herkömmliche Weise betreut worden waren. Die Ergebnisse dieser Studie belegten zunächst einmal, dass sich Entspannung positiv auswirkt: Bereits nach fünf Wochen hatte sich der gesundheitliche Zustand derjenigen, die an den Entspannungsübungen teilgenommen hatten, im Vergleich zu der Gruppe, die nur Koronarsport betrieben hatte, signifikant verbessert. Außerdem war zu beobachten, dass nach drei Jahren die Gefahr eines erneuten Infarkts in den beiden Gruppen unterschiedlich hoch ausfiel. In der Gruppe ohne Verhaltenstherapie erlitten 14 Prozent der Patienten einen Rückfall, bei den anderen waren es nur 7,6 Prozent. Abbildung 8.2 veranschaulicht die gesundheitliche Entwicklung und das Rückfallrisiko in den beiden Gruppen.

Fazit

Nach einem Infarkt rät man den Patienten zu Recht meistens zu einer Ernährungsumstellung, zu mehr körperlicher Bewegung und ganz allgemein zu einer ausgewogenen Lebensweise. Heute weiß man, dass auch die Psychologie eine nicht zu unterschät-

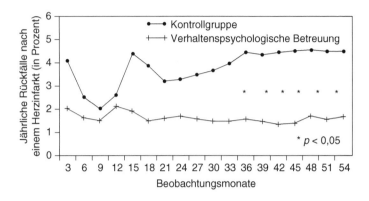

Abb. 8.2   Jährliche Rückfälle nach einem Herzinfarkt (nach Friedman et al. 1986; Quelle: Bruchon-Schweitzer und Quintard, S. 43).

zende Rolle bei der Genesung von Herzpatienten spielt. Da das Verhalten vom Typ A einen Risikofaktor darstellt, muss man es verändern, um die Gefahr eines Rückfalls zu verringern.

Sollten also auch Sie ehrgeizig, aggressiv, feindselig und wettbewerbsorienert sein und nicht zögern, andere für die Erreichung Ihrer Ziele beiseite zu drängen, so kann Ihnen eine psychologische Betreuung dabei helfen, sich zu verändern und (wieder) ein ruhiger, gelassener, liebenswerter und entspannter Mensch zu werden.

49 Können Frauen nach einer Brustkrebsbehandlung noch ein erfülltes Sexualleben haben?

Brustkrebs und seine Auswirkung auf die Sexualität

Brustkrebs ist die häufigste Krebsart in Frankreich. 43.000 Frauen erkranken jährlich neu, das entspricht ungefähr 35,7 Prozent aller bei Frauen diagnostizierten Krebsarten, und in den westlichen Ländern trifft dieses Schicksal jede neunte Frau. Meistens handelt es sich um junge und aktive Frauen, denn fast die Hälfte von ihnen ist jünger als 69 Jahre.

Zwar gibt es für Brustkrebs immer bessere Vorsorgeuntersuchungen und Behandlungsmöglichkeiten, doch ein Aspekt dieser Krankheit wurde bisher erst wenig beachtet: Welche Auswirkungen hat sie auf die Weiblichkeit, das Bild vom eigenen Körper, die Sexualität und das Intimleben der Betroffenen?

Im Jahr 2008 hat das Institut Curie die Ergebnisse einer Studie an Brustkrebspatientinnen veröffentlicht, die an diesem Institut behandelt worden waren. Man wollte genauer herausfinden, wie sich die Therapie auf die Lebensqualität auswirkte, welche Probleme und Beschwerden auftauchten, und auch, wie die Krankheit an sich das Bild der Frauen von ihrem Körper sowie ihre Sexualität beeinflusste. 453 der ausgewählten 850 Frauen erklärten sich bereit, an der Studie teilzunehmen, doch letztendlich beantworteten nur 378 den Fragebogen. Das Durchschnittsalter der Patientinnen lag bei 53 Jahren, 76 Prozent von ihnen waren verheiratet oder lebten in einer Beziehung, 46 Prozent hatten eine Chemotherapie hinter sich, 61 Prozent eine Hormonbehandlung und bei 14 Prozent war die Brust nach der Operation wieder aufgebaut worden.

Die Ergebnisse (Tabelle 8.1) zeigen ganz allgemein, dass nach einer Brustkrebserkrankung das Gefühl der Frauen für ihre Weiblichkeit gestört ist. Sie empfinden ihren Körper als beschädigt und fühlen sich in ihrer Sexualität beeinträchtigt. Die Hälfte der Frauen, die den Fragebogen beantwortet hatten, gab an, darunter psychisch zu leiden. Dabei reichten die Symptome von Ängsten bis hin zu Depressionen. 26 Prozent der Befragten waren mit dem Aussehen ihres Körpers unzufrieden und fühlten sich sexuell nicht mehr attraktiv. 41 Prozent meinten, der Krebs oder die Behandlung hätten ihr Sexualleben beeinträchtigt, 62 Prozent verspürten mangelnde Lust und 43 Prozent der Frauen gelangten nur noch schwer zum Orgasmus. Außerdem gaben 24 Prozent an, ihr Sexualleben sei nicht wirklich befriedigend, und 20 Prozent

Tabelle 8.1 Antworten von Brustkrebspatientinnen und gesunden Frauen auf die Fragen des CSF (Contexte de la Sexualite en France).

Häufigkeit des Geschlechtsverkehrs pro Monat	0	1-2	3-4	> 5
CSF-Umfrage	1,1 %	13,3 %	21,5 %	64,1 %
Brustkrebspatientinnen	2,6 %	30,9 %	34,7 %	31,7 %
Schmerzhafter Geschlechtsverkehr	häufig	manchmal	selten	nie
CSF-Umfrage	0,9 %	14,7 %	11,5 %	72,9 %
Brustkrebspatientinnen	15,1 %	24,4 %	18,6 %	41,8 %
Fehlendes oder geringes sexuelles Verlangen	häufig	manchmal	selten	nie
CSF-Umfrage	8,6 %	37,6 %	23,7 %	30,1 %
Brustkrebspatientinnen	32,2 %	31,8 %	23,2 %	16,1 %
Orgasmusschwierigkeiten	häufig	manchmal	selten	nie
CSF-Umfrage	8,1 %	34,4 %	29,1 %	28,5 %
Brustkrebspatientinnen	15,4 %	24,4 %	28 %	33,1 %

bezeichneten es sogar als absolut unbefriedigend. 20 Prozent waren überzeugt, der Krebs oder die Behandlung hätten zu einer emotionalen Distanz beim Sex geführt, mehr als die Hälfte von ihnen hatte seltener Geschlechtsverkehr als vor der Erkrankung, und 19 Prozent erklärten, dass sie das sehr störe.

Es zeigten sich jedoch erhebliche Unterschiede je nachdem, welche chirurgischen Eingriffe und welche Behandlungen stattgefunden hatten. Nach einer die Brust erhaltenden Operation waren sowohl das Bild vom eigenen Körper als auch die Sexualität weniger gestört als nach einer ganzen oder teilweisen Entfernung der Brustdrüsen. Außerdem fühlten sich die Frauen, die sich einer Chemo- oder Hormontherapie unterziehen mussten, in ihrer Sexualität stärker beeinträchtigt als die anderen. Und schließlich stellte sich heraus, dass sich viele der

Frauen rückblickend darüber beklagten, nicht ausreichend darüber aufgeklärt worden zu sein, wie sich der Krebs und die Behandlung auf ihr Sexualleben auswirken würden.

Schon aus früheren Gesprächen mit 20 Frauen war hervorgegangen, dass sie eine Diskrepanz empfanden zwischen der Flut an Informationen über den Brustkrebs einerseits und den wenigen Hinweisen auf die Auswirkungen der Krankheit auf ihr Intim- und Sexualleben andererseits.

Eine weitere Studie widmete sich den Folgen einer Amputation der Brust auf das Sexualleben und die seelische Gesundheit der Patientinnen.

Maguire et al. (1978) hatten bereits festgestellt, dass Frauen nach einer Mastektomie nicht nur über signifikant mehr sexuelle Probleme berichteten, sondern auch unter Ängsten und Depressionen litten. Sie hatten in der Klinik Gespräche mit 125 Frauen geführt, um in Erfahrung zu bringen, ob bei ihnen sexuelle Probleme oder Symptome von Angst und Depression aufgetreten waren. Die an dieser Studie teilnehmenden Patientinnen waren zu einer eventuellen Operation in die Klinik eingewiesen worden, weil der Verdacht auf Brustkrebs bestand. Nach einer Biopsie wurden zwei Gruppen gebildet: Bei den 75 Frauen der Experimentalgruppe hatte sich der Verdacht bestätigt, und sie mussten sich einer Brustoperation unterziehen. Bei den übrigen 50 Patientinnen war eine gutartige Veränderung des Brustgewebes festgestellt worden. Sie bildeten die Kontrollgruppe. Hinsichtlich der soziodemografischen Merkmale unterschieden sich die beiden Gruppen nicht. Die Gespräche in der Klinik fanden vor der Biopsie, nach Bekanntgabe des Ergebnisses sowie vier Monate und ein Jahr nach der Brustoperation statt.

Die Patientinnen beider Gruppen wiesen vor der Biopsie und nach der Bekanntgabe der Ergebnisse gleich viele Symptome von Angst und Depression auf. Vier Monate und ein Jahr nach der Operation litten die Krebspatientinnen signifikant häufiger unter sexuellen Problemen und Angst- und Depressionssymptomen als die Frauen der Kontrollgruppe.

Fazit

Brustkrebs führt dazu, dass sich viele Frauen in ihrer Weiblichkeit abgewertet und beeinträchtigt fühlen. Die Operation verändert ihr Aussehen, und die Therapien beeinträchtigen ihr Intimleben. Schwierigkeiten im Intimleben werden bei der medizinischen Betreuung allerdings nur selten oder nie angesprochen. Viele Frauen trauen sich nicht, mit ihrem Arzt über die mit dem Krebs und der Behandlung einhergehenden Folgen für ihr Intimleben zu sprechen. Die Untersuchung hat gezeigt, wie wichtig es angesichts dieser Schwierigkeiten ist, die Frauen besser über die Folgen von Brustkrebs für das Intim- und Sexualleben zu informieren. Für eine bessere Betreuung sollten spezielle Sprechstunden für Brustkrebspatientinnen eingerichtet werden, in denen sie die Möglichkeit erhalten, sich über ihre intimen und sexuellen Probleme auszusprechen.

50 Warum sollte man auch bei einer schweren Krankheit den Kopf nicht hängen lassen?

Positive Einstellung und ihre Auswirkung auf die Krankheit

Durch den Fortschritt der Medizin haben sich die Überlebenschancen von Patienten heute erheblich verbessert. Trotz physischer, psychischer und sozialer Probleme erholen sich Krebspatienten häufig. Doch sowohl in körperlicher als auch in seelischer Hinsicht bleiben die Folgen der Krankheit oft ein Leben lang spürbar, und die Patienten fühlen sich gefährdet. Dies kann sich in Ängsten, Depressionen und einem Gefühl von Kontrollverlust äußern.

Seit mehreren Jahren befasst sich die wissenschaftliche Forschung mit der Frage, wie sich vor allem Krebspatienten an ihre neue und schwierige Lage gewöhnen oder zumindest versuchen können, mit ihr fertig zu werden.

In einer Studie haben Hamama-Raz et al. (2007) 300 Hautkrebspatienten begleitet (182 Frauen und 118 Männer), die in zwei großen medizinischen Zentren in Israel behandelt wurden. Israel steht nach Australien und Neuseeland an dritter Stelle der Länder, in denen am häufigsten bösartige Melanome auftreten. Bei 81,6 Prozent der Patienten wurde ein malignes Melanom ersten Grades und bei 18,4 Prozent ein Melanom zweiten Grades diagnostiziert. Um zu messen, wie gut die Patienten mit ihrer Krankheit umgingen, verwendeten die Autoren der Studie Fragebögen zur Selbsteinschätzung (vor allem das Mental Health Inventory von Vert und Ware sowie den Fragebogen zur Cognition Apparaisal of Health Care von Kessler).

Die kognitive Beurteilung der Patienten, d.h. ihre positive oder negative Einstellung zu ihrer Krankheit, erwies sich als wichtigster Faktor dafür, wie sie mit ihrer Lage umgingen. Je weniger die Befragten die Krankheit als Bedrohung empfanden, umso eher waren sie bereit, sich ihr zu stellen. Und je überzeugter sie waren, mit der Situation gut fertig zu werden, umso besser passten sie sich ihr an. Außerdem stellten die Forscher fest, dass es keine Rolle spielte, wann der Krebs entdeckt worden war und wie lange die Diagnose bereits zurücklag. Beides erwies sich als nicht signifikant um vorherzusagen, ob sich ein Patient wohl fühlte oder verzweifelte.

Zusammenfassend lässt sich sagen, dass dieser Studie zufolge subjektive Faktoren, und dabei in erster Linie die kognitive Beurteilung der Krankheit wichtiger sind als die rein medizinischen Faktoren. Dieses Ergebnis hat ganz praktische Auswirkungen auf das Verhältnis zu den Patienten. Es bedeutet nämlich, dass Ärzte und Pflegepersonal die Patienten beispielsweise psychologisch unterstützen und ihnen helfen könnten, die Krankheit nicht so sehr als Bedrohung zu empfinden. Sie müssten sie in der Überzeugung bestärken, dass es möglich ist, mit der für sie neuen Situation fertig zu werden. Bei dieser Anpassung an die neuen Umstände spielen auch soziale Faktoren eine ganz entscheidende Rolle. Am wichtigsten scheint dabei zu sein, ob der Kranke verheiratet ist oder nicht.

> Verheiratete Patienten waren ihren eigenen Angaben zufolge zufriedener und weniger verzweifelt als Alleinstehende. Außerdem schätzten sie ihre Fähigkeit, mit der Krankheit umzugehen, höher ein als Nichtverheiratete. Auch in anderen Untersuchungen über Krebspatienten hat sich diese positive Wirkung der Ehe bestätigt (Schnoll et al., 2002).

Aus etlichen weiteren Studien ging hervor, dass zwischen der Fähigkeit von Krebspatienten, sich an ihre neue Situation anzupassen, und einer besseren Lebensqualität ein Zusammenhang besteht.

> In einer Studie an 220 Frauen, die drei Jahre zuvor an Brustkrebs erkrankt waren, sollte untersucht werden, ob sich die Art und Weise, wie sie mit ihrer Erkrankung umgingen, auf ihre Lebensqualität auswirkte (Manuel et al., 2007). Die Frauen waren zwischen 25 und 50 Jahren alt, das durchschnittliche Alter lag bei 43 Jahren. 82 Prozent waren verheiratet oder lebten mit einem Partner zusammen. Berücksichtigt wurden nur Frauen in den Brustkrebsstadien I bis III: Bei 44 Prozent von ihnen waren die Brustdrüsen teilweise oder ganz entfernt worden, 66 Prozent hatten sich einer Chemo- und 69 Prozent einer Strahlentherapie unterzogen. Ziel dieser Studie war zum einen, in Erfahrung zu bringen, wie die Frauen auf die Diagnose Brustkrebs reagiert hatten; außerdem wollte man sehen, ob sie Anpassungsstrategien entwickelt hatten, die nicht durch die üblichen Bewertungsskalen erfasst wurden. Und schließlich interessierte man sich dafür, mit welchen unterschiedlichen Strategien sie bestimmten Stressproblemen begegneten. Auf diese Weise wollte man besser verstehen, wie die Frauen auf bestimmte Schwierigkeiten reagierten und welche Formen der Anpassung sie als erfolgreich ansahen. Zu der Studie gehörten eine Fragebogenerhebung (mit dem WOC-CA, Way of Coping Cancer) sowie ein Einzelgespräch mit jeder Patientin. Mit diesem Prozedere sollten spezielle Probleme

erfasst werden, die im Zuge einer Krebserkrankung auftreten, etwa die mit einer Chemotherapie verbundenen Stressfaktoren.

Es gab drei Arten von Reaktionen: Die häufigste Strategie im Umgang mit der Krankheit bestand in einem positiven Umdenken, d.h. die Frauen versuchten, ihrer neuen Situation positive Aspekte abzugewinnen. Danach kamen Wünsche und Pläne und Veränderungen, die das Leben angenehmer machten. Die Frauen reagierten auf die Krankheit auch mit Strategien, die in den Fragebögen nicht erfasst wurden. Dazu gehörten unter anderem die Äußerung von Gefühlen und die Suche nach sozialer Unterstützung. Und schließlich stellte sich heraus, dass soziale Unterstützung, körperliche Betätigung und Spiritualität die besten Möglichkeiten sind, um mit den speziellen Problemen bei Brustkrebs (Angst, Depression, Zukunftsängste) umzugehen.

Fazit

Diese Studien über den Umgang mit Stressfaktoren im Zusammenhang mit einer Krebserkrankung unterstreichen, dass sich insbesondere ein positives Umdenken und soziale Unterstützung positiv auf das Befinden und die Lebensqualität der Patienten auswirken. Der Glaube an die eigenen Fähigkeiten, mit der Krankheit fertig zu werden, ist eine wichtige Antriebskraft, um diese schwierige Situation zu meistern.

51 Warum sollten Krebspatienten psychologische Unterstützung in Anspruch nehmen?

Psychotherapeutische Begleitung

Seit einigen Jahrzehnten wird untersucht, ob Psychotherapien für Krebspatienten von Nutzen sind. Die gewonnenen Daten legen die Vermutung nahe, dass eine psychologische Betreuung die Lebensqualität der Betroffenen erhöht.

In einer Studie, an der 86 Brustkrebspatientinnen teilnahmen, bei denen bereits Metastasen aufgetreten waren und die sich einer medizinischen Therapie unterzogen, interessierten sich Spiegel et al. (1989) dafür, ob eine Gruppentherapie möglicherweise die Lebensdauer dieser Patientinnen beeinflusste. Dazu trafen sie nach dem Zufallsprinzip eine Auswahl unter den Patientinnen und boten ihnen an, ein Jahr lang wöchentlich einmal an einer Gruppensitzung unter psychologischer Leitung teilzunehmen. 50 Frauen erhielten so die Gelegenheit, ihren Gefühlen, Ängsten und Hoffnungen Ausdruck zu verleihen und ihre Erfahrungen mit anderen zu teilen. Zusätzlich wurden sie in Techniken der Selbsthypnose eingewiesen, die ihnen halfen, ihre Schmerzen unter Kontrolle zu halten.

Nach dieser psychologischen Betreuungsphase litten die Frauen weniger unter Ängsten, Stimmungsschwankungen und Schmerzen, und sie fühlten sich optimistischer als die Patientinnen aus der Kontrollgruppe, die lediglich medizinisch therapiert worden waren.

Diese Studie hat belegt, dass sich die Lebensqualität der Patientinnen verbessert hatte, was sich vor allem darin äußerte, dass ihre durch den Krebs ausgelöste Verzweiflung abnahm. Bei der Evaluierung der Überlebensdauer der Frauen beider Gruppen (Abbildung 8.3) stellten die Forscher später fest, dass die Patientinnen der Kontrollgruppe durchschnittlich nach 18,9 Monaten verstorben waren, dass aber die Patientinnen, die an der Psychotherapie teilgenommen hatten, fast doppelt so lange überlebt hatten, nämlich 36,8 Monate.

Dieses Ergebnis überraschte die Wissenschaftler, denn sie hatten zwar erwartet, dass sich die Äußerung von Gefühlen positiv auf den seelischen Zustand der Frauen auswirkte, dass aber solche psychologischen Effekte den Verlauf der Krankheit ihrerseits beeinflussten, hätten sie nicht vermutet.

Dieses Verfahren wurde von anderen Forscherteams wiederholt und auf seine Validität überprüft. In ungefähr der Hälfte von zehn Untersuchungen ergab sich ein direkter Zusammenhang zwischen einer therapeutischen Betreuung, bei der die Patientin-

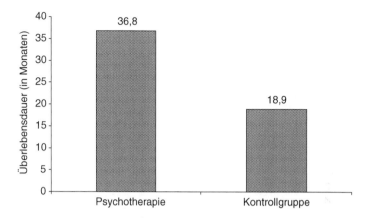

Abb. 8.3 Überlebensdauer der Patientinnen (in Monaten).

nen „ihre Gefühle unter psychologischer Leitung äußern konnten", und einer verlängerten Lebensdauer.

In einer anderen Studie ging es um die Frage, welche psychologischen Veränderungen Psychotherapien bei Krebspatienten bewirken können (Greer et al., 1992). In Anbetracht der Vielzahl unterschiedlicher psychotherapeutischer Verfahren und der Schwierigkeit, deren Wirkung zuverlässig zu überprüfen, entwickelten die Forscher eine speziell auf Krebspatienten zugeschnittene Form der kognitiven Verhaltenstherapie. Die Behandlung erstreckte sich über vier Monate und fand einmal wöchentlich statt. Dabei waren die Patienten entweder allein oder in Begleitung. Das Hauptaugenmerk der Therapie war auf vier Gesichtspunkte gerichtet;

* Man wollte erfahren, welchen Stellenwert der Krebs im Leben der einzelnen Patienten einnahm, um Strategien zum Umgang mit der Krankheit entwickeln zu können, die ihnen helfen sollten, ihre Gefühle der Ohnmacht zu bewältigen.
* Man wollte erfahren, welche Gedanken den Ängsten und Depressionen der Patienten zugrunde lagen und ihnen Mittel und Wege aufzeigen, wie sie besser mit den Stressursachen fertig werden konnten.

* Man wollte ihnen helfen, ihre Gefühle zu äußern und sie anregen, Dinge zu tun, die ihnen Freude bereiteten und Befriedigung verschafften.
* Und man wollte die Stärken jedes Einzelnen herausfinden, um so sein Selbstwertgefühl zu erhöhen. Dabei kamen beispielsweise bestimmte Entspannungsübungen zum Einsatz.

An der Studie nahmen 153 Patienten teil. Alle Krebsarten mit Ausnahme von Gehirntumoren waren vertreten; die Patienten lebten seit mindestens zwölf Monaten mit ihrer Krankheit, und das Alter variierte von 18 bis 74 Jahren. Die Patienten wiesen keinerlei intellektuelle oder seelische Defizite auf, litten nicht unter Ängsten und Depressionen und wollten gegen die Krankheit ankämpfen.

Während der Therapie und nach deren Abschluss sollten die Probanden vier verschiedene Fragebögen beantworten:
* Im ersten ging es um Angst und Depression in Bezug auf das Krankenhaus.
* Im zweiten sollten sie angeben, wie sie seelisch mit der Krebserkrankung umgingen. Gefragt wurde nach der Bereitschaft der Patienten, gegen die Krankheit zu kämpfen, nach ihren Ohnmachtsgefühlen, ihren Sorgen und ihrem Fatalismus.
* Im dritten wurde nach der psychosozialen Anpassung an die Krankheit gefragt. Dabei ging es um die Art der Behandlung, um die neue Situation am Arbeitsplatz, das familiäre Umfeld, die sexuellen Beziehungen, das Verhältnis zur Familie, das soziale Umfeld und um die seelische Not.
* Und schließlich wurde mithilfe der Rotterdamer Symptomliste die Lebensqualität anhand physischer und psychischer Symptome erfasst.

Es zeigte sich zum einen, dass sich die Patienten während der psychologischen Betreuung als signifikant kampfbereiter erwiesen als ihre Leidensgenossen, die nicht therapeutisch begleitet wurden. Zum anderen waren bei ihnen Gefühle der Ohnmacht, Ängste und Sorgen sowie Fatalismus und andere psychische Symptome signifikant schwächer ausgeprägt als in der Kontrollgruppe. Und auch nach der Therapie litten sie signifikant weniger unter Ängsten und Symptomen seelischer Art als die Patienten der Kontrollgruppe.

In einer ergänzenden Studie zum gleichen Thema wurde untersucht, wie sich die Gruppentherapie auf die Laborwerte der Patienten auswirkte (Fawzy et al., 1993). An dieser Untersuchung nahmen 68 Krebspatienten teil, die in zwei Gruppen zu jeweils 34 Personen aufgeteilt wurden: Die Kontrollgruppe wurde lediglich medizinisch behandelt, die Patienten der Versuchsgruppe nahmen zusätzlich zu ihrer medizinischen Versorgung noch an sechs Sitzungen teil, in denen sie Techniken zur Entspannung und Stressbewältigung erlernten. Nach sechs Monaten war bei denjenigen, die psychologisch betreut worden waren, ein Rückgang der Ängste und Depressionen sowie eine Steigerung ihres Lebensmutes zu beobachten. Parallel dazu wurden Untersuchungen der Laborwerte durchgeführt, und die ergaben eine Zunahme sowohl der NK-Zellen als auch der Makrophagen.

Sechs Jahre nach Beginn dieser Studie wurde Bilanz gezogen, wie viele der Patienten noch am Leben waren, wie viele einen Rückfall erlitten hatten und wie viele in der Zwischenzeit verstorben waren. (Abbildung 8.4).

31 Personen aus der Versuchsgruppe waren noch am Leben, in der Kontrollgruppe waren es dagegen nur noch 24, oder anders ausgedrückt, zehn Patienten der Kontrollgruppe waren inzwischen verstorben, aber nur drei aus der Experimentalgruppe.

Fazit

All diese Studien belegen, dass sich eine Psychotherapie zweifelsfrei positiv auf das Befinden und die Lebensqualität von Krebspatienten auswirkt. In einigen Untersuchungen wird diese positive Wirkung allerdings etwas nuancierter gesehen und darauf hingewiesen, dass sie sich in erster Linie bei den Patienten bemerkbar mache, die unter den meisten psychischen Probleme leiden. Eine psychotherapeutische Begleitung verbessere die Lebensqualität von Krebspatienten im Wesentlichen in psychologischer Hin-

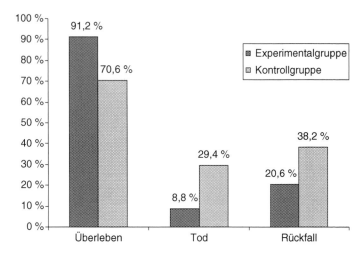

Abb. 8.4   Überlebens-, Todes- und Rückfallrate nach sechs Jahren.

sicht, habe aber nur wenig oder gar keinen Einfluss auf den Verlauf der Krankheit.

9

Soziale Unterstützung

Inhalt

52 Warum lässt sich eine schwierige Situation besser meistern, wenn uns ein Freund zur Seite steht?

Soziale Unterstützung und ihre Auswirkung auf die Schmerzempfindung

Haben Sie nicht auch schon manchmal den Eindruck gehabt, dass es Ihnen in Gegenwart von Menschen, die Sie schätzen, besser geht? Wünschen Sie sich nicht einen Menschen zur Seite, der sie stützt und tröstet, wenn Sie krank sind, Sie sich nicht fit oder niedergeschlagen fühlen? In der Psychologie spricht man in so einem Fall von sozialer Unterstützung. Aus zahlreichen gesundheitspsychologischen Studien wissen wir, dass soziale Unterstützung dazu beitragen kann, Schmerzen zu lindern und die Befindlichkeit eines Menschen zu verbessern. Und das wurde nicht nur in künstlichen, experimentellen Laborsituationen nachgewiesen, sondern hat sich auch in der Realität bei Kranken und Opfern von Katastrophen oder tätlichen Angriffen bestätigt. Die positive Wirkung dieser sozialen Unterstützung ist jedoch nicht immer gleich und hängt davon ab, wer diese Unterstützung gewährt und in welcher Form dies geschieht.

Brown et al. (2003) haben versucht herauszufinden, inwieweit verschiedene Formen sozialer Unterstützung zur Schmerzlinderung beitragen. An ihrer Untersuchung nahmen 101 Studenten (52 Männer und 49 Frauen) im Alter von 17 bis 21 Jahren teil. Für die Schmerzerzeugung verwendeten die Forscher den Eiswassertest (*cold pressor test*). Das ist ein Herz-Kreislauf-Test, bei dem die Versuchsperson ihre Hand so lange wie möglich in einen Eimer mit eiskaltem Wasser eintauchen soll. Mit diesem Verfahren lassen sich die Veränderungen des Blutdrucks und der Herzfrequenz messen, aber auch die Schmerzschwelle (der Augenblick, in dem der Schmerz einsetzt) und die Schmerztoleranzgrenze (der Moment, in dem der Schmerz unerträglich wird und der Proband seine Hand aus dem Wasser wieder herauszieht) feststellen.

Mit dieser Studie sollte in Erfahrung gebracht werden, wie sich soziale Unterstützung auf das Schmerzempfinden auswirkt. Dabei ging es insbesondere um den Einfluss unterschiedlicher Quellen und Arten von Unterstützung. Die Quelle der Unterstützung konnte beispielsweise ein Freund des Probanden sein oder aber eine ihm unbekannte Person. Die Art der Unterstützung variierte, denn die Begleitpersonen sollten die Versuchsperson entweder

* aktiv unterstützen: Der Begleiter stand der Versuchsperson vor und während des Experiments so gut wie möglich stützend zur Seite (mit Ermunterungen, Ratschlägen, beruhigenden Äußerungen usw.);
* passiv unterstützen: Die Begleitperson war zwar anwesend, schaute den Probanden aber nicht an und sprach auch nicht mir ihm;
* oder mit ihr interagieren: Der Begleiter durfte nach Belieben mit dem Probanden interagieren, musste ihn dabei aber nicht unbedingt unterstützen (er konnte Banalitäten von sich geben, Witze reißen, versuchen, die Versuchsperson abzulenken, usw.).

Zudem war eine Kontrollsituation vorgesehen, in der sich der Proband dem Test ganz allein unterzog. Dadurch erhielt man eine Vergleichsschwelle „ohne Unterstützung".

Die Versuchsleiter baten ihre Probanden, einen Freund ihrer Wahl zu dem Experiment mitzubringen. Vor Beginn des Tests musste jeder Teilnehmer drei Minuten lang im Versuchsraum warten, und zwar entweder allein, oder zusammen mit seinem Freund oder einer unbekannten Person. Nach dieser dreiminütigen Wartezeit sollten die Teilnehmer ihre Hand in einen Eimer mit eiskaltem Wasser eintauchen. Die Wassertemperatur betrug konstant zwischen 1° und 2° Celsius. Sie sollten ihre Hand so lange wie möglich eingetaucht lassen. Nach drei Minuten wurde das Experiment abgebrochen. Während des Tests mussten die Teilnehmer alle 20 Minuten auf einer zehnstufigen Skala von 0 (kein Schmerz) bis 10 (extremer Schmerz) angeben, wie stark sie den Schmerz empfanden.

Es stellte sich heraus (Tabelle 9.1), dass die aktiv oder passiv unterstützten Probanden den Schmerz nicht so intensiv verspürten wie

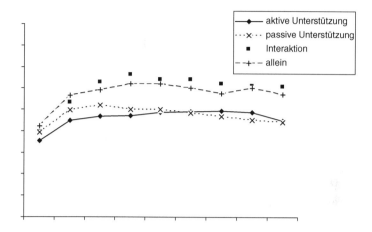

Abb. 9.1 Schmerzempfindung nach Zeit und Art der Unterstützung.

diejenigen, die sich dem Test allein oder mit einem „interagierenden"
Partner unterzogen hatten. Der Unterschied zeigte sich allerdings erst
nach 60 Sekunden. Das lässt sich nach Ansicht der Verfasser der Studie
auf zweierlei Weise erklären. Zum einen tritt die Wirkung der sozialen
Unterstützung nicht sofort ein, sondern erst nach einiger Zeit. Und
zum anderen zeigt sich der positive Einfluss der sozialen Unterstützung erst bei starken Schmerzen, denn möglicherweise ist der in den
ersten Sekunden in kaltem Wasser verspürte Schmerz noch nicht heftig
genug, um die Wirkung der sozialen Unterstützung offenbar werden
zu lassen.

Es erwies sich aber als irrelevant, von wem die Unterstützung aus-
ging. Sowohl eine aktive als auch passive Unterstützung trugen zu
einer Schmerzminderung bei, unabhängig davon, ob die Begleitperson
ein Freund oder ein Unbekannter war.

Fazit

Diese Studie ist deshalb interessant, weil sie im Unterschied zu
den meisten Arbeiten, in denen Situationen mit oder ohne so-

ziale Unterstützung verglichen wurden, aufgezeigt hat, wie sich verschiedene Arten der Unterstützung auswirken. So konnte sie beispielsweise nachweisen, dass es keinen Unterschied macht, ob die Unterstützung passiv oder aktiv ist. Wenn Sie also einem Menschen in einer schwierigen Situation beistehen wollen, müssen Sie ihn gar nicht unbedingt mit Worten trösten, denn allein Ihre Anwesenheit wirkt bereits wohltuend. Manchmal kann es sogar besser sein zu schweigen, als etwas zu sagen, was falsch verstanden werden oder negative Folgen haben könnte.

53 Wie können Ihnen Ihre Mitmenschen am besten helfen, wenn es Ihnen schlecht geht?

Soziale Situation und Unterstützung

Gibt es Formen der Unterstützung, die besser geeignet sind als andere, um Menschen in einer schwierigen Situation zu helfen (Depressiven, Arbeitslosen, Flüchtlingen)?

Mit dieser Frage haben sich zwei Studien auseinandergesetzt. Eine in Kanada (St-Jean-Trudel et al., 2009) an 1.803 Personen (1.179 Frauen und 624 Männer) durchgeführte Umfrage sollte Aufschluss darüber geben, wie sich verschiedene Formen der Unterstützung auf das Wohlbefinden und die Not ängstlicher Menschen auswirken. Unter anderem sollte in Erfahrung gebracht werden, mit welcher Art von Unterstützung sich die psychische und soziale Anpassung ängstlicher Menschen verbessern lässt. Dazu wurden drei Variablen erfasst:

* Die psychische Befindlichkeit der Befragten wurde anhand von 25 Fragen zu ihrem Selbstwertgefühl, ihrer Ausgeglichenheit, ihrer Teilnahme am gesellschaftlichen Leben und zu ihrer Geselligkeit ermittelt.

* Die psychische Not maß man anhand der Häufigkeit von Traurig-
  keitszuständen, Nervosität, Erregung und Verzweiflung.
* Die soziale Unterstützung wurde zunächst ermittelt anhand der
  Anzahl naher Verwandter oder Freunde der Befragten, denen sie sich
  gerne anvertrauten. Anschließend unterschied man vier verschiedene
  Arten der Unterstützung: 1. affektive Unterstützung, entsprechend
  der erwiesenen Zuneigung; 2. emotionale/informationelle Unterstützung, verbunden mit der Verfügbarkeit einer Person, die zuhört oder
  Ratschläge erteilt; 3. positive soziale Interaktion, die sich auf angenehme Situationen des zwischenmenschlichen Austausches bezieht; und
  4. spürbare Unterstützung, also materielle und konkrete Hilfe.

Und schließlich wurde berücksichtigt, ob die Befragten im Jahr zuvor unter einer stärkeren Depression gelitten hatten. Damit sollte die
spezielle Bedeutung der sozialen Unterstützung für das Wohlbefinden
und für die Linderung der seelischen Not ängstlicher Menschen noch
stärker hervorgehoben werden.

Interessant an den Ergebnissen der Studie war die Erkenntnis, dass
alle Arten der sozialen Unterstützung einen positiven und wohltu-
enden Einfluss auf ängstliche Menschen ausübten. Denn sowohl die
Männer als auch die Frauen, denen häufig soziale Unterstützung zuteil
geworden war, erklärten, dass sie sich recht wohl fühlten, wohingegen
sich jene, die nur selten soziale Unterstützung erfuhren, als ziemlich
verzweifelt bezeichneten. Die Forscher stellten aber auch fest, dass
Frauen von sozialer Unterstützung stärker profitierten als Männer:
Soziale Unterstützung wirkte sich positiv auf die Befindlichkeit ängstlicher Frauen aus, bei den Männern stellte sich dieser Effekt jedoch
nicht ein. Und schließlich wiesen die Ergebnisse dieser Studie darauf
hin, dass die positiven sozialen Interaktionen sowie die emotionale/
informationelle und die affektive Unterstützung die besten Kriterien
sind, um eine Prognose über das Wohlbefindens ängstlicher Frauen
zu stellen.

In einer anderen Studie (Schwarzer et al., 1994) wurde untersucht,
wie sich soziale Unterstützung auf den Gesundheitszustand arbeitslo-
ser Flüchtlinge auswirkte. Diese Studie wurde noch vor dem Fall der
Berliner Mauer durchgeführt. Vom Herbst 1989 bis zum Sommer

1991 begleiteten die Forscher 325 Flüchtlinge aus der DDR. Ihr Interesse galt drei wesentlichen Faktoren:

- dem sozialen Status: „ständig arbeitslos" (d.h. der Betreffende war während der gesamten Zeit der Untersuchung ohne Arbeit), „nie arbeitslos" (er hatte die ganze Zeit über eine Beschäftigung), „erfolgreiche Arbeitssuche" (der Betreffende war anfangs arbeitslos, hatte aber bei Abschluss der Studie einen Arbeitsplatz gefunden);
- der sozialen Unterstützung: Dabei sollten die Befragten unterscheiden zwischen der ihnen tatsächlich zuteil gewordenen sozialen Unterstützung, also beispielsweise konkreten Hilfeleistungen („Familienangehörige und Freunde haben mir bei der Arbeitssuche geholfen") und ihrem Gefühl, sozial unterstützt zu werden. Dazu sollten sie angeben, mit welcher Hilfe sie zuverlässig rechnen konnten („Es gibt Menschen, auf die ich im Bedarfsfall zählen kann");
- der Gesundheit: Die Befragten sollten ankreuzen, welche der aufgeführten Beschwerden auf sie zutrafen (Herzprobleme, Gelenkschmerzen, Magenschmerzen, Erschöpfung usw.).

Zunächst war festzustellen, dass diejenigen, die die ganze Zeit über arbeitslos waren, häufiger über Beschwerden berichteten als die anderen. Bei den Auswirkungen von Arbeitslosigkeit und sozialer Unterstützung auf die Gesundheit stellten die Forscher fest, dass die positive Wirkung von sozialer Unterstützung auf die Gesundheit bei den Langzeitarbeitslosen sehr viel deutlicher zutage trat als bei denen, die in der Zwischenzeit Arbeit gefunden hatten. In der Gruppe der Arbeitslosen zeigte sich außerdem, dass diejenigen, die starke soziale Unterstützung genossen, sehr viel weniger unter physischen Beschwerden litten als jene, denen nur in geringem Maß Unterstützung zuteil wurde. Und schließlich war der gesundheitliche Zustand derjenigen am schlechtesten, die sowohl arbeitslos waren als auch nur wenig soziale Unterstützung erhielten.

Fazit

Die Erkenntnisse aus diesen Studien haben bestätigt, wie wichtig soziale Unterstützung ist. Im Alltag kann diese Hilfe ganz unterschiedliche Formen annehmen. Man kann seinen Mitmenschen helfen, ihnen beistehen, für sie da sein, ihnen zuhören, sie stützen. Für die ängstlichen Frauen aus der ersten Studie war diese Art der Unterstützung eine wichtige Komponente für ihr psychisches Wohlbefinden.

Bei den Arbeitslosen aus der zweiten Studie zeigte sich, dass Menschen, die keine Beschäftigung hatten und gleichzeitig nur wenig soziale Unterstützung erfuhren, häufiger unter gesundheitlichen Beschwerden litten.

Soziale Unterstützung ist also offenbar eine wesentliche Komponente für die körperliche und seelische Gesundheit. Soziale Unterstützung hilft Menschen, mit schwierigen Situationen fertig zu werden, und damit trägt sie zu ihrem Wohlbefinden und ihrer Gesundheit bei.

54 Wussten Sie, dass Menschen in Notsituationen manchmal gern auf Ihren Trost verzichten würden?

Unterschiedliche Arten sozialer Unterstützung

Heutzutage gilt es als selbstverständlich, ja als unerlässlich, leidenden Menschen in Notlagen, Kranken und Katastrophenopfern unser Mitgefühl zu bezeugen. Dadurch bringen wir zum Ausdruck, dass wir mit ihnen fühlen. Doch wie verhalten wir uns am besten, wenn wir ganz konkret einem kranken oder trauernden Menschen gegenüberstehen? Was sollen wir ihm sagen? Wie wird er darauf reagieren? Die Erfahrung lehrt, dass unser Verhalten gegenüber Kranken oder Opfern aller Art im Allgemeinen alles andere als angemessen ist. So müssen beispielsweise Trauernde häufig die Erfahrung machen, dass gute Bekannte ihnen für eine gewisse Zeit aus dem Weg gehen.

Für dieses Phänomen hat sich auch die Wissenschaft interessiert, und sie hat drei Hauptgründe dafür aufgedeckt, warum wir uns unwohl fühlen, wenn wir mit leidenden Menschen konfrontiert werden (Wortman & Lehman, 1985).

* Zum einen wissen die meisten von uns normalerweise nicht, wie sich ein unglücklicher Mensch fühlt. Wir verstehen nicht, was in ihm vorgeht und haben keine Vorstellung davon, wie lange er braucht, um über seinen Kummer hinweg zu kommen. Solange wir selbst ein vergleichbares Unglück noch nicht erlebt haben, unterschätzen wir gewaltig, wie viel Kraft es kostet, sich danach wieder zu fassen und sein Leben weiterzuführen. Unwissenheit und Unerfahrenheit führen dazu, dass wir häufig absolut falsch reagieren.

* Es gibt aber auch noch andere, nicht so offensichtliche Gründe: Angesichts des Unglücks eines anderen Menschen suchen wir in seinem Verhalten nach Erklärungen, nach einer Ursache, die ihn für sein Unglück verantwortlich macht. Und je fester wir davon überzeugt sind, dass er an seiner misslichen Lage selbst schuld ist, umso weniger sind wir bereit, ihm zu helfen.

* Und schließlich gehören Menschen, die ein Leid tragen, nicht mehr wirklich der Welt der Glücklichen an. Sie sind anders und leben in einer eigenen Sphäre, und deshalb betrachten wir sie als „Außenstehende".

Wie aber soll man Menschen in Not Unterstützung und Trost zukommen lassen? Gibt es Mitleidsbekundungen, die weniger gern gesehen und andere, die willkommen sind?

Ingram et al. (2001) haben eine Methode entwickelt, mit der sich messen lässt, welche unterstützenden Verhaltensweisen Menschen in Not als unangemessen empfinden. Die Forscher legten ihren Probanden eine Liste von 79 Items vor, die widerspiegelten, wie ihre Mitmenschen in einer besonders schwierigen Lage in der Vergangenheit ihnen gegenüber reagiert hatten. Es stellte sich heraus, dass es vier Verhaltensweisen gab, die als ungeeignet eingestuft wurden, um einem anderen seine Unterstützung zu bekunden:

* Erstens empfanden es Personen in Not als Gefühlskälte und Desinteresse, wenn sich andere in dieser Situation von ihnen fernhielten. Eine solche emotionale Distanz äußerte sich in Feststellungen wie: „Er wollte nichts davon hören", „er nahm mich nicht ernst", „er wechselte das Thema".

* Zweitens zeigte sich in vielen Reaktionen auch ein gewisses Ungeschick, wie beispielsweise ein Zuviel an Aufmerksamkeit oder sogar Aufdringlichkeit. Ein solches Verhalten ihrer Mitmenschen beschrieben die Probanden in der Regel wie folgt: „"Er wusste nicht, was er sagen sollte", „er versuchte genau das zu sagen, was ich hören wollte" oder „er wollte mich unbedingt trösten, aber das zum falschen Zeitpunkt".

* Drittens versucht manch einer, die Schwere des Ereignisses herunterzuspielen. Mit übersteigertem Optimismus will man dem anderen helfen und ihn von seinen Sorgen ablenken, etwa mit Äußerungen wie: „Kopf hoch, lass dir das nicht gefallen", „es hätte noch viel schlimmer kommen können" oder „es ist doch gar nicht so schlimm, wie du denkst".

* Viertens werden Vorwürfe als unberechtigte Kritik und Schuldzuweisung empfunden. Das zeigte sich in folgenden Reaktionen: „Er sagte, ich hätte mich selbst in diese Lage gebracht und müsse nun auch die Konsequenzen tragen", „ich musste mir Bemerkungen anhören wie: Ich hatte es dir doch gleich gesagt".

Welche Form der Hilfe und Unterstützung wird am liebsten angenommen?

Ein Forscherteam (Horowitz et al., 2001) hat zwei Arten sehr willkommener Unterstützung identifiziert: zum einen die Bekundung von Verbundenheit. Sie entspricht dem Bedürfnis des Betroffenen nach Liebe, Intimität und Zugehörigkeit. Und zum anderen die aktive Unterstützung. Sie hilft den Betroffenen, mit der Situation fertig zu werden und sie zu beherrschen. Nach Auffassung der Forscher entsprechen diese beiden Formen der Unterstützung und Hilfe den beiden großen Kategorien von Notsituationen, in die ein Mensch geraten kann. Das sind einmal Situationen, denen sich der Betroffene häufig hilflos ausgeliefert fühlt und die er selbst nicht beeinflussen kann. In einer solchen Lage sind Reaktionen der Verbundenheit gefordert. Und dann gibt es Situationen, an denen sich etwas ändern lässt. Hier benötigt der Betroffene eher die tatkräftige Unterstützung. Diese beiden Formen der Unterstützung gehören eng zusammen und können zu unterschiedlichen Zeitpunkten in Erscheinung treten.

Fazit

Solange es uns selbst gut geht, reagieren wir häufig unangemessen, wenn wir auf einen Menschen treffen, dem es nicht gut geht. Wie verhält man sich in einem solchen Fall richtig? Ein leidender Mensch erwartet von seinen Mitmenschen keine bestimmte Reaktion, viel wichtiger ist die Haltung, die ihm entgegen gebracht wird. Zwei Dinge sind dabei wesentlich: Die Umwelt muss das, was dem Betreffenden widerfahren ist, als schwerwiegend anerkennen und ihn in seiner neuen Situation als Kranker oder Opfer annehmen und ihm mit Empathie begegnen; und schließlich sollte man ihm seine Liebe, Verbundenheit, Hilfe und Unterstützung durch ganz konkretes Handeln bezeugen. Das sind die beiden Arten von Unterstützung, die vom psychologischen Standpunkt aus richtig sind.

55 Warum leiden Sie weniger, wenn Sie das Foto Ihres Liebsten betrachten?

Bild des Geliebten und seine Auswirkung auf das Schmerzempfinden

Die Gesundheitspsychologie konnte also, wie wir in den vorausgehenden Kapiteln gesehen haben, die positive Wirkung sozialer

Unterstützung überzeugend belegen. Von all den Menschen aus unserer Umgebung, die uns unterstützen, nimmt unser Partner einen besonders wichtigen Platz ein. In Gegenwart unseres Liebsten fühlen wir uns doch gleich wohler, nicht wahr? Es tut gut, von ihm in den Arm genommen und getröstet zu werden. Aber wussten Sie schon, dass sich diese wohltuende Wirkung bereits einstellt, wenn wir nur an ihn denken?

Master et al. (2009) haben vor kurzem untersucht, inwieweit bereits der Anblick eines Fotos des Geliebten schmerzlindernd wirkt. An ihrer Studie nahmen 25 Frauen teil, die alle seit mehr als sechs Monaten in einer festen Beziehung lebten. Sie wurden gebeten, ihren Partner zu dem Experiment mitzubringen. Gleich zu Beginn der Studie wurden die Paare getrennt: die Frauen führte man in den Versuchsraum, die Männer in ein angrenzendes Zimmer, in dem man sie fotografierte.

Das Experiment selbst verlief folgendermaßen: Jede Frau musste ihren linken Arm durch einen Vorhang strecken und erhielt 84 Mal im Abstand von 20 Sekunden einen Wärmereiz auf den Unterarm. Dieses Prozedere erfolgte unter sieben verschiedenen Versuchsbedingungen:
* die Frau hielt dabei die Hand ihres Partners,
* sie hielt die Hand eines Unbekannten (eines Mannes, den sie nicht kannte);
* sie hielt einen Gegenstand in der Hand (einen kleinen Ball);
* sie betrachtete das Foto ihres Partners;
* sie betrachtete das Foto eines Unbekannten (eines Mannes, den sie nicht kannte);
* sie betrachtete das Foto eines Gegenstandes (eines Stuhls)
* oder sie fixierte einen bestimmten Punkt (Kontrollsituation).

Die Hälfte der Probandinnen drückte zuerst die Hand einer Person (Partner oder Fremder) oder hielt einen Gegenstand in der Hand. Für die andere Hälfte begann der Test mit den Fotografien.

In jeder Versuchssituation wurden den Teilnehmerinnen sechs unterschiedliche Reize versetzt, und zwar jedes Mal zweimal. Nach jedem Reiz sollten sie auf einer 21stufigen Skala (der *Gracely Box Scale*) angeben, wie unangenehm sie den Reiz empfunden hatten.

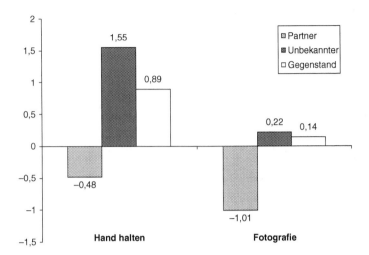

Abb. 9.2 Unangenehme Empfindungen unter sechs verschiedenen Unterstützungsbedingungen.

Die Kontrollsituation diente dazu, Basiswerte zu erhalten, d.h. Werte, die wiedergaben, wie unangenehm die Situation ohne jegliche Unterstützung war.

Mit den sechs Versuchssituationen (die Probandin hält irgendetwas in der Hand oder betrachtet ein Bild) wollte man ermitteln, wie sich verschiedene Quellen der Unterstützung auf das Gefühl des Unbehagens auswirkten. Zur Berechnung des endgültigen Wertes wurden die in der Kontrollsituation angegebenen Werte von denen in den sechs Versuchssituationen subtrahiert.

Es stellte sich heraus (Abbildung 9.2), dass die Probandinnen die Situation weniger unangenehm empfanden, wenn sie die Hand ihres Partners und nicht die einer unbekannten Person oder einen Gegenstand festhielten. Der gleiche Effekt war bei den Fotografien zu beobachten: Betrachteten die Frauen das Bild ihres Partners, störte sie der jeweilige Reiz weniger als beim Anblick einer unbekannten Person oder eines Gegenstandes.

Der Partner reduzierte demnach das Unbehagen und den Schmerz signifikant stärker als ein Fremder oder ein Gegenstand. Das Interessante an diesen Ergebnissen aber war, dass sich die Frauen beim bloßen Betrachten des Fotos ihres Partners weniger unwohl fühlten als wenn letzterer konkret anwesend war und ihre Hand hielt.

Dieses Ergebnis mag erstaunen, doch die Autoren der Studie erklären sich das Phänomen, dass ein Bild in manchen Fällen wirksamer sein kann als die Gegenwart der Person selbst, damit, dass der Partner nicht immer in der Lage ist, die entsprechende Unterstützung zu leisten. Seine Hilfe erweist sich nicht immer als angemessen oder den Erwartungen entsprechend, was erklärt, warum sie nicht immer wirksam ist.

Fazit

Die Ergebnisse dieses Versuchs legen die Vermutung nahe, dass es sich in schwierigen oder schmerzhaften Situationen als positiv erweisen kann, ein Foto des geliebten Menschen bei sich zu haben oder zu betrachten: Allein schon der Anblick des Liebsten auf dem Bild kann nämlich den Schmerz lindern. Denn nach Ansicht der Verfasser der Studie werden dadurch Vorstellungen aktiviert, die uns suggerieren, dass wir geliebt und unterstützt werden. Und das allein führt bereits eine Schmerzreduzierung herbei. Wenn Sie, meine Herren, also bei der Geburt Ihres Kindes nicht dabei sein können oder wollen, so geben Sie Ihrer Frau zur Entbindung wenigstens ein Foto von sich mit!

56 Warum lieber einen Hund anschaffen als eine Katze?

Haustiere und ihre Auswirkung auf die Gesundheit

Haustiere werden oft als eine Art der sozialen Unterstützung empfunden. Sie haben wahrscheinlich auch schon einmal beobachtet, dass jemand mit seinem Hund oder seiner Katze spricht! Manch einer sieht in seinem Tier nicht nur einen Gefährten, sondern ein richtiges Mitglied der Familie, ein Wesen, das hilft, Stress und Angst zu bewältigen und das Trost spendet. Aber entspricht das auch der Realität? Wie beeinflussen Haustiere die Gesundheit ihrer Besitzer? Diese Frage stand im Mittelpunkt der folgenden Untersuchungen.

Friedmann und Thomas (1995) haben untersucht, wie sich Haustiere auf die Überlebenschancen von Koronarpatienten nach einem Herzinfarkt auswirkten. Dazu begleiteten sie 369 Patienten (314 Männer und 55 Frauen) im durchschnittlichen Alter von 63 Jahren jeweils ein Jahr lang. Die Versuchsteilnehmer wurden zwischen September 1987 und April 1993 eingeladen. Zunächst sammelten die Forscher eine Reihe von Informationen, darunter physiologische Daten (Vorerkrankungen, Zahl der Infarkte) und Angaben zu psychosozialen Faktoren (soziale Unterstützung, Angstniveau, Depressionssymptome usw.). Außerdem fragten sie die Patienten, ob sie Haustiere hatten und wenn ja, welche und wie viele. Sie wollten ermitteln, wie diese verschiedenen Faktoren die Überlebenschance der Patienten beeinflussten.

107 der 369 Patienten besaßen ein Haustier: 87 hielten sich mindestens einen Hund, 44 mindestens eine Katze und 24 besaßen sowohl Hund als auch Katze. Genannt wurden auch noch andere Haustiere, allerdings seltener: darunter waren Vögel und Fische, Enten, Pferde, Kaninchen und eine Schlange. Im Hinblick auf die physiologischen und psychosozialen Gegebenheiten war zwischen den Patienten mit und ohne Haustier kein signifikanter Unterschied festzustellen.

Nach einem Jahr waren 349 der 369 Patienten noch am Leben, zwanzig waren in der Zwischenzeit verstorben.

Die beste Prognose darüber, ob ein Patient nach einem Herzinfarkt das kommende Jahr überlebt, lässt sich anhand der physiologischen und medizinischen Daten stellen. Das jedenfalls ging aus den logistischen Regressionsanalysen hervor. Eine intensive soziale Unterstützung sowie der Besitz eines Haustieres schienen allerdings auch dazu beizutragen, die Überlebenschancen der Patienten zu erhöhen.

Die Forscher stellten jedoch fest, dass es dabei eine Rolle spielte, um welches Tier es sich handelte. Hundehalter hatten bessere Aussichten, nach einem Jahr noch am Leben zu sein, als die Besitzer von Katzen. Anscheinend ging also eine positive Wirkung auf das Überleben der Patienten im Wesentlichen von den Hunden aus. In früheren Studien war bereits die Vermutung geäußert worden, dass sich in erster Linie gesunde Menschen ein Haustier und insbesondere einen Hund anschaffen. Diese Hypothese wollten auch Friedmann und Thomas überprüfen: sie stellten aber fest, dass sie auf ihre Versuchspersonen nicht zutraf. Es gab keinen signifikanten Unterschied zwischen den physiologischen Ausgangsdaten der Hundebesitzer und denen der anderen Patienten.

Deshalb gelangten die Autoren zu dem Schluss, dass ein Hund die soziale Unterstützung zwar nicht ersetzen, sie aber durchaus ergänzen kann.

Wie wir gesehen haben, kann ein Haustier also für die Gesundheit förderlich sein. Aber warum muss es gerade ein Hund sein? Diese Frage war Gegenstand einer weiteren Studie.

In einer Längsschnittstudie begleitete Serpell (1991) zehn Monate lang 71 erwachsene Probanden, die sich zum ersten Mal ein Haustier angeschafft hatten. Dabei interessierte er sich nur für diejenigen, die sich für einen Hund (47 Personen) oder eine Katze (24 Personen) entschieden hatten. Als Kontrollgruppe wurden zusätzlich 26 Personen in die Untersuchung mit einbezogen, die kein Tier besaßen.

Jeder Versuchsteilnehmer wurde viermal kontaktiert. Die Teilnehmer der beiden Experimentalgruppen wurden zum Zeitpunkt des Tierkaufs nach ihrem bisherigen Gesundheitszustand befragt. Diese Ausgangssituation diente als Vergleichsbasis für die folgenden Daten, um zu sehen, ob sich möglicherweise eine Veränderung einstellte. In den drei folgenden Befragungen ging es um das gesundheitliche Befinden der Teilnehmer, nachdem sie ihr Tier erworben und mit nach Hause genommen hatten. Die Interviews fanden einen, sechs und zehn Monate später statt. Dabei mussten die Probanden jedes Mal einen Fragebogen ausfüllen, mit dem drei Werte gemessen wurden, die Aufschluss über ihre körperliche und seelische Gesundheit gaben:

* sie mussten angeben, unter welchen von zwanzig geringfügigen Gesundheitsproblemen (Kopfschmerz, Verstopfung, Müdigkeit, Verdauungsprobleme, Rückenschmerzen usw.) sie im zurückliegenden Monat gelitten hatten;
* sie sollten angeben, wie oft sie in den letzten zwei Wochen kurze (weniger als zwanzig Minuten), mittlere (zwanzig Minuten bis eine Stunde) oder lange Spaziergänge (länger als eine Stunde) unternommen hatten;
* sie füllten den GHQ-30 aus, einen Fragebogen zur Erfassung der allgemeinen psychischen Gesundheit.

Hinsichtlich der soziodemographischen Merkmale (Alter, Geschlecht, familiäre Situation usw.) unterschieden sich die drei Gruppen nicht, und zu Beginn der Studie war auch kein signifikanter Unterschied bezüglich der geringfügigen Gesundheitsprobleme oder bezüglich der im GHO-30 erzielten Werte festzustellen. Dafür zeigte sich aber, dass die neuen Katzenbesitzer bereits vor dem Erwerb des Tieres etwas weniger häufig spazieren gingen als die Hundehalter oder die Teilnehmer der Kontrollgruppe.

Bei den Personen der Kontrollgruppe stellte sich im Verlauf der Zeit keine signifikante Veränderung der Indikatoren für ihre physische und psychische Gesundheit ein. Jedoch war eine geringfügige Zunahme der Anzahl der Spaziergänge zu beobachten, was die Autoren der Studie auf die Jahreszeit zurückführten, denn die beiden letzten Erhebungen in dieser Gruppe fanden im Sommer statt.

Bei den Katzenbesitzern gingen die geringfügigen Beschwerden im ersten Monat ein wenig zurück, doch erwies sich dieser Effekt in den folgenden Monaten nicht als signifikant. Das Gleiche galt für die psychische Gesundheit. Die Anzahl ihrer Spaziergänge veränderte sich im Lauf der zehn Monate nicht signifikant.

Bei den neuen Hundebesitzern beobachtete man im ersten Monat einen erheblichen Rückgang der geringfügigen gesundheitlichen Probleme, und diese Verbesserung blieb auch in den folgenden Monaten bestehen. Außerdem verbesserte sich ihr psychisches Befinden in den ersten sechs Monaten signifikant, eine Wirkung, die auch nach zehn

Monaten noch anhielt. Außerdem gingen sie im ersten Monat erstaunlich häufig spazieren, und die Anzahl ihrer Spaziergänge nahm in den folgenden Monaten noch zu. Einen Einfluss dieser Spaziergänge auf die verschiedenen Gesundheitsindikatoren konnten die Wissenschaftler allerdings nicht feststellen. Das bedeutet also, dass es den Hundebesitzern nicht allein aufgrund der vielen Spaziergänge besser ging.

Abschließend verglichen die Forscher die Entwicklungen der drei Gruppen miteinander. Die Tierbesitzer wiesen nach einem Monat signifikant weniger gesundheitliche Probleme auf als die Probanden ohne Tier. Hinsichtlich der seelischen Gesundheit zeigte sich kein signifikanter Unterschied zwischen den drei Gruppen.

Diese Studie belegt also, dass es sich positiv auf die Gesundheit auswirkt, wenn man sich ein Tier anschafft. Das gesundheitliche Befinden der Tierhalter verbesserte sich in den zehn Monaten der Studie im Vergleich zu denen, die kein Haustier besaßen.

Die deutlichsten und dauerhaftesten Verbesserungen stellten sich bei denjenigen ein, die sich einen Hund angeschafft hatten.

Fazit

Offensichtlich üben Hunde einen positiveren Einfluss auf die Gesundheit ihrer Besitzer aus als andere Tiere. Eine mögliche Erklärung dafür könnte sein, dass ein Hund mehr Pflege und Aufmerksamkeit verlangt als eine Katze. Er muss beispielsweise täglich Gassi geführt werden. Was gelegentlich als Zwang empfunden wird, hat auch seine gute Seite, denn dadurch sieht sich das Herrchen gezwungen, an die frische Luft zu gehen und sich zu bewegen. Wenn Sie also mit dem Gedanken spielen, sich ein Haustier zuzulegen, und falls Sie normalerweise wenig Bewegung haben und auch keinen Sport treiben, so wäre es ratsam, sich für einen Hund zu entscheiden!

57 Wussten Sie, dass Sie mehr frieren, wenn Sie allein sind?

Soziale Ablehnung und Kälte

Einsamkeit und Kälte werden in unserer Sprache oft miteinander in Verbindung gebracht. Jemanden, der den Kontakt mit anderen meidet, bezeichnen wir gerne als kalt, und einen freundlichen, geselligen und beliebten Menschen empfinden wir als warmherzig. Aber lassen sich diese Metaphern auch durch die Realität belegen?

Zhong und Leonardelli (2008) haben in zwei Versuchen untersucht, in welcher Weise es unsere Kältewahrnehmung beeinflusst, wenn wir uns sozial ausgeschlossen fühlen.

In ihrem ersten Experiment forderten sie 65 Studenten auf, sich an eine Situation zu erinnern, die sie tatsächlich erlebt hatten. Dabei sollte die Hälfte von ihnen an eine Situation denken, in der sie sich sozial ausgeschlossen gefühlt hatten, wohingegen die anderen sich eine Lage vergegenwärtigen sollten, in der sie sozial gut integriert waren. Anschließend bat man sie zu schätzen, wie warm es in dem Raum war, in dem sie sich gerade befanden. Um keinerlei Verdacht bei den Probanden aufkommen zu lassen, sagte man ihnen, diese Frage interessiere den Hausmeister. Die Antworten der Versuchspersonen variierten von 12° bis 40° Celsius. Wie erwartet, empfanden diejenigen, die sich an eine Situation sozialer Isolierung erinnert hatten, die Temperatur im Zimmer niedriger als die anderen (Abbildung 9.3).

Aufgrund dieser ersten Ergebnisse gelangten Zhong und Leonardelli zu dem Schluss, dass die Erinnerung an eine Situation des sozialen Ausgeschlossenseins die Wahrnehmung der Raumtemperatur beeinflussen und ein Gefühl der Kälte verstärken kann.

Auch mit dem zweiten Experiment wollten sie prüfen, inwieweit eine Situation sozialer Ablehnung das Kälteempfinden beeinflusst, doch dieses Mal begnügten sie sich nicht damit, das Gefühl des Ausgeschlossenseins in der Erinnerung wachzurufen, sondern schufen eine reale Situation sozialer Zurückweisung. Sie baten 52 Studenten, am

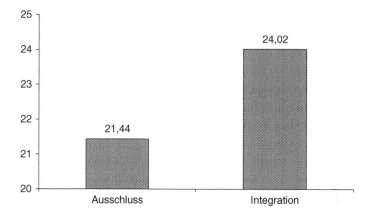

Abb. 9.3 Raumtemperatur (in °C) je nach erinnerter sozialer Situation (Durchschnittswerte).

Computer ein Ballspiel zu spielen. Das Prinzip war folgendes: Die Computer von vier Spielern waren miteinander vernetzt, und jeder sollte einem der drei anderen den Ball zuspielen, der ihn dann wiederum an einen Spieler seiner Wahl weitergab. In Wahrheit waren gar keine Mitspieler vorhanden, sondern der Computer allein übernahm die Spielzüge von drei virtuellen Partnern. Die Versuchsteilnehmer der Gruppe „sozialer Ausschluss" erhielten den Ball zweimal zu Beginn des Spiels, doch in den folgenden 30 Spielzügen kein einziges Mahl wieder. Den Probanden der Kontrollgruppe wurde der Ball dagegen regelmäßig zugespielt. Anschließend konfrontierte man alle Teilnehmer mit einer weiteren Aufgabe, angeblich einer Marketingstudie, die mit dem gerade gespielten Spiel nichts zu tun hatte. Den Studenten wurde eine Liste mit fünf Nahrungsmitteln vorgelegt, und sie sollten auf einer siebenstufigen Skala (von 1 „großer Appetit" bis 7 „überhaupt kein Appetit") angeben, worauf sie in diesem Augenblick Appetit hatten. Dabei unterschieden die Forscher zwischen zwei Arten von Produkten:

* zwei warme Angebote: ein heißes Getränk (eine Tasse Kaffee) und etwas Warmes zu essen (eine heiße Suppe);
* drei Kontrollangebote: zwei kalte Speisen (ein Apfel und Cracker) und ein kaltes Getränk (eine Limonade).

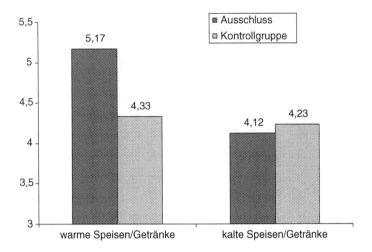

Abb. 9.4 Produktpräferenz (Durchschnittswerte).

Wie erwartet, wirkte sich die Situation des sozialen Ausschlusses darauf aus, welche Produkte die Probanden bevorzugten. Diejenigen, die sich während des Spiels ausgeschlossen gefühlt hatten, entschieden sich signifikant häufiger für warme Produkte als die Teilnehmer der Kontrollgruppe (Abbildung 9.4). Bei den kalten Angeboten zeigte sich dagegen kein Unterschied.

Offensichtlich hatte also die in dem Computerspiel erzeugte Situation der sozialen Ablehnung bewirkt, dass warme Speisen und Getränke bevorzugt wurden.

Beide Experimente ergaben, dass das Gefühl des sozialen Ausgeschlossenseins bei den Probanden die Empfindung von Kälte hervorrief und sie deshalb warme Speisen und Getränke bevorzugten.

Diese Ergebnisse entsprechen den Theorien der *embodied cognition* (des „verkörperlichten Denkens" bzw. der „leiblich verankerten Kognition"), wonach alle kognitiven Leistungen direkt von sensorisch-motorischen Informationen abhängen und sehr stark mit dem aktuellen körperlichen Befinden zusammenhängen. Es muss also das gesamte System von Körper, Geist und Kontext berücksichtigt werden. Die für Einsamkeit stehende Metapher der Kälte ist demnach möglicherweise nicht nur eine literarische Stilfigur. Sie spiegelt auch wider, wie Menschen ihre Umwelt empfinden. Unsere Erlebnisse aus der Vergangenheit sind in unserem Gedächtnis miteinander verknüpft. Erinnern wir uns an eines, so werden damit auch alle anderen aktiviert. Deshalb könnte die Empfindung von Kälte ein wesentlicher Bestandteil der Erfahrung sozialer Zurückweisung sein.

Fazit

Wer sich in einer Gruppe sozial ausgeschlossen fühlt, friert eher als jemand, der gut integriert ist. Wer von seinen Kollegen abgelehnt wird, empfindet die Temperatur in seinem Büro wahrscheinlich als recht kühl. Aber gilt auch das Umgekehrte? Steigt unser Wohlbefinden, sobald die Temperatur im Büro steigt? Das wäre in weiteren Studien noch zu überprüfen!

58 Warum sollten Sie Ihre Großmutter regelmäßig besuchen?

Einsamkeitsgefühl und seine Auswirkung auf die Gesundheit

Manche Menschen sind tatsächlich sozial isoliert, d.h. sie haben nur noch sehr wenig Kontakt zu anderen Menschen. Soziale Isolierung bedeutet, dass eine Person keine sozialen Kontakte pflegt und nicht mehr am gesellschaftlichen Leben teilhat. Aber muss das Alleinsein auch zwangsläufig bedeuten, dass sich der Betreffende unwohl fühlt? Nicht unbedingt, denn man muss unterscheiden zwischen der sozialen Isolierung, die ein objektiver Indikator für den Bruch mit der Gesellschaft ist, und dem Gefühl der Einsamkeit (oder des emotionalen Alleinseins). Darunter versteht man die Empfindung von sozialer Isolierung oder das Gefühl, allein zu sein. Und Sie werden bestimmt zustimmen, dass man sich auch in Gegenwart anderer durchaus allein fühlen kann.

In verschiedenen Studien wurde bereits nachgewiesen, dass soziale Isolierung die Gesundheit beeinträchtigt, doch nur wenige Arbeiten haben sich mit der Frage beschäftigt, ob auch das Gefühl der Einsamkeit gesundheitliche Folgen hat.

In einer Längsschnittstudie konnten Cacioppo und seine Kollegen (2002) nachweisen, dass Einsamkeit das Risiko erhöht, an einer Depression zu erkranken. Dazu begleiteten sie drei Jahre lang 212 Personen im Alter von 50 bis 67 Jahren (111 Frauen und 101 Männer). Sie erfassten nicht nur die soziodemographischen Faktoren (Alter, Geschlecht, Familiensituation, Einkommen usw.) und Symptome einer Depression, sondern maßen auch das Gefühl der Einsamkeit sowie den gefühlten Stress und die Feindseligkeit ihrer Probanden, denn diese psychosozialen Faktoren tragen bekanntlich zur Ausbildung einer Depression bei.

Bei der Analyse ihrer ersten Messdaten stellten sie fest, dass Einsamkeit und Depression positiv miteinander korrelierten. Die Personen, die sich am einsamsten fühlten, wiesen auch die meisten depressiven Symptome auf. Bei der Berücksichtigung weiterer Faktoren in ihrer statistischen Analyse beobachteten sie, dass außer der Einsamkeit auch ein hoher Grad an empfundenem Stress sowie Feindseligkeit mit einer Depression in Zusammenhang standen. Von der sozialen Unterstützung dagegen ging kein signifikanter Einfluss aus.

Die Analyse der Langzeitergebnisse ergab, dass zwischen dem Grad der zu Beginn der Studie empfundenen Einsamkeit und den Anzeichen einer Depression drei Jahre später ein Zusammenhang bestand: Die Personen, die sich zu Beginn der Studie sehr einsam gefühlt hatten, wiesen drei Jahre später am ehesten Symptome einer Depression auf.

Offenbar fördert das Gefühl des Alleinseins langfristig die Ausbildung von Depressionen. Und schließlich ging aus den Analysen hervor, dass sich langfristig Einsamkeit und Depression gegenseitig beeinflussen, denn Menschen, die sich einsam fühlen, werden eher depressiv, und depressive Menschen neigen stärker dazu, sich einsam zu fühlen.

In anderen Studien standen die Folgen des Einsamkeitsgefühls für die Gesundheit im Mittelpunkt des Interesses. Es konnte nämlich nachgewiesen werden, dass dieses Gefühl das Immunsystem schwächen kann und damit das Risiko entzündlicher Krankheiten erhöht (Cole et al., 2007). Von Isolierung und dem damit verbundenen Gefühl der Einsamkeit sind vor allem alte Menschen betroffen, und damit ist möglicherweise ihre Gesundheit gefährdet. Einem anderen Forscherteam gelang es zu zeigen, welche Rolle das Gefühl der Einsamkeit und der sozialen Isolierung für das Entstehen der Alzheimerkrankheit spielt.

Zu diesem Zweck führten Wilson et al. (2007) eine Längsschnittstudie durch, der die Ergebnisse aus der „Rush Memory and Aging Project"-Studie zugrunde lagen. In ihre Untersuchungen nahmen sie nur Personen auf, bei denen die Alzheimerkrankheit nicht diagnostiziert worden war. Zu Beginn der Studie wurden die Versuchsteilnehmer ein erstes Mal klinisch untersucht und danach vier Jahre lang einmal jährlich. Das Augenmerk lag dabei auf drei Aspekten: der emotionalen Einsamkeit (gemessen mithilfe der überarbeiteten Jong-Gierveld-Einsamkeitsskala) und der sozialen Isolierung (Zahl der sozialen Beziehungen und Häufigkeit der sozialen Aktivitäten), der Erfassung klinischer Alzheimersymptome und schließlich auf den kognitiven Fähigkeiten (mit zwanzig Tests wurden das episodische und das semantische Gedächtnis, das Arbeitsgedächtnis, die Auffassungsgeschwindigkeit und räumlich-visuelle Fähigkeiten geprüft, zudem kamen der Stroop-Test und der Raven-Matrizentest zum Einsatz). Außerdem erfassten die Autoren, ob die Probanden unter Depressionssymptomen litten, wie häufig sie „Gehirnjogging" betrieben, ob sie sich körperlich bewegten, wie viele Alltagstätigkeiten sie nicht mehr allein bewältigen konnten, wie hoch ihr Einkommen war und ob bei ihnen kardiovaskuläre Risikofaktoren vorlagen. Bei den während der Studie verstorbenen Teilnehmern wurde eine Autopsie des Gehirns durchgeführt, um festzustellen, wie viele Schädigungen Alzheimer bedingt und wie viele auf Schlaganfälle zurückzuführen waren.

Insgesamt nahmen an dieser Studie 791 Personen (599 Frauen und 192 Männer) im durchschnittlichen Alter von 80 Jahren teil. 66 Prozent von ihnen lebten in Altenheimen, 30 Prozent in Privatwohnungen und 4 Prozent in Pflegeeinrichtungen.

Es zeigte sich zunächst einmal, dass das Gefühl der Einsamkeit negativ mit der Anzahl der sozialen Beziehungen, der Häufigkeit sozialer Aktivitäten und kognitiver Betätigungen sowie dem Bildungsgrad korrelierte. Ein positiver Zusammenhang bestand dagegen mit dem Alter und den depressiven Symptomen. Das Gefühl der Einsamkeit blieb während der vierjährigen Studie unverändert.

Während der Studie erkrankten 76 Teilnehmer (39,8 Prozent) an Alzheimer. Diese Personen unterschieden sich von den übrigen in mehrerer Hinsicht: Sie fühlten sich einsamer, nahmen seltener am gesellschaftlichen und intellektuellen Leben teil, ihre kognitiven Fähigkeiten waren geringer, und sie bewältigten die Dinge des täglichen Lebens schlechter. Außerdem war festzustellen, dass sehr alte Menschen eher betroffen waren und Männer häufiger als Frauen.

Aus den statistischen Analysen ging vor allem hervor, dass Personen, die sich sehr einsam fühlten, doppelt so stark gefährdet waren, während der Zeit der Studie an Alzheimer zu erkranken wie diejenigen, bei denen dieses Gefühl nur schwach ausgeprägt war. Dieses Ergebnis war auch unabhängig vom Ausmaß an sozialer Isolierung. Am stärksten gefährdet waren nicht nur die Personen, die sich am einsamsten fühlten, sondern auch jene, die nur selten am gesellschaftlichen Leben teilhatten. Die Größe des sozialen Netzwerkes dagegen schien sich nicht signifikant auszuwirken. Außerdem stellte sich heraus, dass ein ausgeprägtes Gefühl der Einsamkeit mit einem raschen Abbau der kognitiven Fähigkeiten einherging. Diese Ergebnisse ergänzten die aus anderen Forschungsarbeiten, die bereits gezeigt hatten, dass sich soziale Isolierung negativ auf die kognitiven Fähigkeiten auswirkt.

Die Autopsie der Gehirne der im Verlauf der Studie verstorbenen Teilnehmer ergab keinen signifikanten Zusammenhang zwischen dem Gefühl der Einsamkeit und pathologischen Veränderungen im Gehirn.

Diese Studie hat auf ein sehr interessantes Phänomen hingewiesen. Nicht allein die soziale Isolierung erhöht das Risiko einer Alzheimererkrankung, sondern in erster Linie das Gefühl des Alleinseins.

Fazit

Aus all diesen Untersuchungen ging hervor, dass sich insbesondere bei alten Menschen neben der sozialen Isolierung auch das Gefühl der Einsamkeit äußerst nachteilig auf die Gesundheit auswirken kann. Dieses Gefühl beeinträchtigt nicht nur das seelische Wohl, sondern kann auch zu einer Abnahme der körperlichen Leistungsfähigkeit beitragen und krank machen.

Sollte Ihre Großmutter allein leben und nur wenige Freunde besitzen, so sollten Sie deshalb von Zeit zu Zeit bei ihr vorbeischauen, auch wenn Sie eigentlich keine Lust dazu haben. Ihr wird es auf jeden Fall gut tun!

59 Wie Kater Oscar Sterbenden letzten Trost spendet

Lebensende

In der Endphase einer schweren Krankheit, wenn keine Hoffnung auf Heilung mehr besteht, bleibt nur noch die Palliativmedizin. In diesem Stadium führt die Krankheit unausweichlich zum Tod.

Die unaufhaltsame Verschlechterung des Zustandes eines Kranken und seine zunehmende Abhängigkeit lösen bei Angehörigen und Freunden oftmals starke emotionale Reaktionen aus.

Sie haben Angst und fürchten sich vor den letzten Augenblicken, und sie fragen sich, ob sie im entscheidenden Moment auch wirklich anwesend sein werden. Auch die Umgebung, in der sich der Kranke befindet (in einem Krankenhaus, auf der Palliativstation) spielt eine Rolle dabei, wie sie mit ihm kommunizieren und ihm nah sein können. In Frankreich sterben 70 Prozent der Menschen im Krankenhaus, in Deutschland ca. 50 Prozent

> In der Zeitschrift *Archives of Internal Medicine* erschien im Jahr 2008 eine französische Untersuchung über die schlechten Bedingungen, unter denen Patienten von zweihundert Kliniken in Frankreich starben. Diese Studie trug den Titel „Tod im Krankenhaus" und beruhte auf Umfragen, die auf 1.033 internistischen, chirurgischen, geriatrischen, Notfall-, Palliativ- und Reanimationsstationen durchgeführt worden waren. Auf jeder dieser Stationen wurde ein Pfleger beauftragt, zwei Monate lang verschiedene Kriterien bezüglich des Krankheitsverlaufs in den letzten Lebenstagen der Patienten zu notieren. 45 Prozent der in dieser Studie erfassten Todesfälle ereigneten sich auf internistischen Stationen, 10 Prozent in der Chirurgie und ebenso viele in der Geriatrie, 1 Prozent der Patienten verstarb auf einer Palliativstation und das restliche Drittel auf Intensiv- (28 Prozent) und Notfallstationen (6 Prozent). Die allermeisten (75,6 Prozent) der 3.793 während der Studie verstorbenen Patienten waren im Augenblick ihres Todes allein, nur 24,4 Prozent hatten einen Angehörigen zur Seite. 35,1 Prozent der Krankenpfleger hielten die Sterbebedingungen an sich für „akzeptabel".

Angesichts dieser jammervollen Zustände am Ende des Lebens erregte ein in der angesehenen amerikanischen Medizinzeitschrift *The New England Journal of Medicine* im Jahr 2007 erschienener Artikel Aufsehen. Darin wurde über eine ungewöhnliche Form der Sterbebegleitung berichtet. Auf der Alzheimerabteilung des Steere House Nursing and Rehabilitation Center von Providence (Rhode Island) erkennt Oscar mit unglaublicher Sicherheit die Patienten, die an der Schwelle des Todes stehen. Er bleibt dann bei ihnen, schmiegt sich an sie und spendet ihnen so letzten Trost. Oscar ist ein Kater, der dieser Abteilung zugelaufen ist und von den Mitarbeitern des Pflegeteams „adoptiert" wurde. Als der Artikel erschien, hatte er nach Aussagen des Verfassers, Dr. David Dosa, bereits 25 Patienten beim Sterben begleitet. Dr. Dosa beschreibt das Verhalten Oskars folgendermaßen:

> „Oscar läuft den Korridor hinunter bis zum Zimmer Nr. 310. Die Tür ist geschlossen, er wartet. 25 Minuten später geht die Tür endlich auf und eine Pflegehelferin kommt heraus, den Arm voller schmutziger Wäsche. „Guten Morgen, Oscar!" begrüßt sie ihn, „willst du hinein?" Oscar lässt sie vorbei und schlüpft dann leise ins Zimmer, in dem sich zwei Personen befinden. In ihrem Bett an der Wand ist Frau T. eingeschlafen, sie liegt da gekrümmt wie ein Fötus. Der Brustkrebs hat ihren Körper zum Skelett abmagern lassen. Ihr Gesicht weist eine gelbliche Färbung auf, und seit mehreren Tagen hat sie nicht mehr gesprochen. Neben ihr sitzt ihre Tochter und liest in einem Roman. Sie blickt auf und begrüßt den Besucher herzlich: „Hallo Oscar, wie geht's?" Oscar beachtet sie nicht und springt auf das Bett. Seine Aufmerksamkeit gilt ganz Frau T. Kein Zweifel, sie hat das letzte Stadium ihrer Krankheit erreicht und atmet nur noch mit Mühe. Oscar wird bei seiner Inspektion durch eine Krankenschwester unterbrochen, die Frau T.'s Tochter fragt, ob es ihrer Mutter schlechter gehe und sie Morphium benötige. Die Tochter schüttelt den Kopf, und die Schwester verlässt das Zimmer. Oscar wendet sich wieder seiner Aufgabe zu. Er schnuppert, wirft einen letzten Blick auf Frau T., springt vom Bett und läuft aus dem Raum. Heute ist es noch nicht so weit.
>
> Auf seinem Weg durch den Flur kommt Oscar am Zimmer Nr. 313 vorbei. Die Tür steht offen, und er schlüpft hinein. Frau K. liegt friedlich in ihrem Bett, ihr Atem geht regelmäßig aber kurz. Überall stehen und hängen Fotos von ihren Enkeln, auch eines von ihrer eigenen Hochzeit. Trotz dieser Erinnerungsstücke ist sie allein. Oscar springt aufs Bett und schnuppert wieder. Er macht eine Pause, um die Lage einzuschätzen, dreht sich dann zweimal um die eigene Achse und legt sich zusammengekauert zu Frau K.; eine Stunde vergeht. Eine Krankenschwester betritt den Raum, um nach der Patientin zu

sehen. Als sie Oscar bemerkt, stutzt sie. Besorgt stürzt sie aus dem Zimmer und rennt in ihr Büro. Sie greift sich die Krankenakte von Frau K. und führt mehrere Telefongespräche. Es vergeht keine halbe Stunde, und die ersten Familienangehörigen von Frau K. treffen ein. Stühle werden in das Krankenzimmer gestellt, wo die Angehörigen mit ihrer Wache beginnen. Der Priester wird gerufen, um die Sterbesakramente zu spenden. Oscar bewegt sich immer noch nicht und schmiegt sich schnurrend an Frau K. Eine ihrer Enkelinnen fragt: „Mama, was macht denn die Katze da?" Mit tränenerstickter Stimme antwortet die Mutter: „Sie hilft der Oma auf ihrem Weg in den Himmel." Dreißig Minuten später tut Frau K. ihren letzten Atemzug. Jetzt erst erhebt sich Oscar, schaut sich um und schleicht so leise aus dem Zimmer, dass die trauernde Familie es kaum bemerkt.

Auf dem Rückweg kommt Oscar an einer Wandtafel vorbei, auf der eingraviert steht: „Für Kater Oscar für all seine Mühe und sein Mitgefühl". Oscars Arbeitstag ist zu Ende. Heute wird es keinen Todesfall mehr geben, nicht in Zimmer 310 und auch in keinem anderen. Auf dieser Station stirbt niemand, ohne dass Oscar ihn besucht und eine gewisse Zeit bei ihm bleibt."

Seitdem das Personal dieser Station Oscar aufgenommen hat, interessiert der sich für jeden Patienten, legt sich aber nur dann zu ihm ins Bett, wenn seine letzte Stunde gekommen ist. Nach Aussagen von Dr. David Dosa macht Oscar regelmäßig seine Runden, beobachtet die Patienten und beschnuppert sie, bevor er weiterzieht oder aber sich an sie schmiegt. So hat er auch schon Sterbende begleitet, die im Augenblick ihres Todes ganz allein waren. Oscar erkennt mit 100prozentiger Sicherheit, welcher Patient als nächster sterben wird. Bisher hat er sich noch nie geirrt, und wenn er in einem Zimmer bleibt und sich an den Patienten kuschelt, wissen die Pfleger, dass das Ende nah ist, und benachrichtigen die Familienangehörigen. „Wenn er auf dem Bett eines Patienten bleibt, ist das für die Ärzte und die Patienten ein sicherer Hinweis darauf, dass der Tod kurz bevorsteht", schreibt Dr. Dosa.

Fazit

Der Tod bedeutet das Ende des Lebens. In unserer heutigen Gesellschaft wird der Tod nicht nur als störend empfunden und gerne verdrängt, wir fliehen auch vor ihm. Sterbebegleitung verlangt, ganz präsent zu sein, zuzuhören und auch schweigen zu können, um dem Sterbenden das Loslassen zu erleichtern. Oscar hat mit seiner Art der „Begleitung" gezeigt, wie wichtig solch eine mitfühlende Präsenz ist.

Literatur

Einleitung

Juvénal (2002). *Satires.* Édition bilingue français-latin. Les Belles Lettres, Paris, S. 346–366 (deutsche Ausgabe 1986. *Satiren.* Reclam, Stuttgart).

Abschnitt 1

Blaxter, M. (1990). Health and Lifestyles. Tavistock, Routledge, London.

Herzlich, C. (1969). Santé et maladie. Analyse d'une représentation sociale. Mouton, Paris.

Lau, R.R. (1995). Cognitive representations of health and illness, in: Gockman D. (Hrsg). Handbook of Health Behaviour Research. Bd. 1. Plenum Press, New York.

Abschnitt 2

Giltay, E.J. (2006). Dispositional optimism and the role of cardiovascular health: The Zutphen elderly study. *Archives of Internal Medicine 166,* 431–436.

Steptoe, A., Wardle, J. & Marmot, M.(2005). Positive affect and health related neuroendocrine, cardiovascular, and inflammatory process. *Proceedings of the National Academy of Sciences 102(18),* 6508–6512.

Tindle, H.A., Chang, Y.F., Kuller, L.H., Manson, J.E., Robinson, J.G., Rosal, M.C., Siegle, G.J. & Matthews, K.A. (2009). Optimism, cynical hostility and incident coronary heart disease and mortality in the women's health initiative. *Circulation 120,* 647–648.

Abschnitt 3

Brody, S. (2006). Blood pressure reactivity to stress is better for people who recently had penilo-vaginal intercourse than the people who had other or no sexual activity. *Biological Psychology 71(2),* 214–222.

Brody, S., & Costa, R.M. (2008). Vaginal orgasm is associated with less use of immature psychological defense mechanisms. *Journal of Sexual Medicine 5,* 1167–1176.

Charnetski, C. & Brennan, F. (2004). Sexual frequency and salivary immunoglobuline A. *Psychology Report 94,* 839–844.

Insee (Aug. 2007). Les personnes en couple vivent plus longtemps

Ornish, D. (1998). Love and Survival : The Scientific Basis of Healing Power of Intimacy. Harper Collins, New York (deutsche Ausgabe 1999: Die revolutionäre Therapie: Heilen mit Liebe. Mosaik, München).

Smith, G.D., Frankel, S. & Yarnell, J. (1997). Sex and death: Are they related? Findings from the Caerphilly cohort study. *British Medical Journal 315(7123),* 1641–1644.

Abschnitt 4

Rauscher, F.H. (2002). Mozart and the mind: Factual and fictional effects of musical enrichment, in: Aronson, J. (Hrsg). Improving Academic Achievment: Impact of Psychological Factors on Education. Plenum Press New York, 269–278

Rauscher, F.H. (2006). The Mozart effect: Music listening is not music instruction. *Educational Psychologist 41,* 233–238.

Rauscher, F.H. & Shaw, G.L. (1998). Key components of the "Mozart effect". *Perceptual and Motor Skills 86(3),* 835–841.

Rauscher, F.H., Shaw, G.L. & Ky, K.N. (1993). Music and spatial task performance. *Nature 365(6447),* 611.

Tomatis, A.A. (1991). *Pourquoi Mozart?* Fixot, Paris.

Abschnitt 5

Lemarquis, P. (2009). *Sérénade pour un cerveau musicien*. Odile Jacob, Paris.

Metzger, L.K. (2004). Heart health and music: A steady beat or irregular rhythm? *Music Therapy Perspectives 22(1)*, 21–25.

Miller, M., Beach, V., Mangano, C. & Vgel, R.A. (2008). Positive emotions and the endothélium: Does joyful music improve vascular health ? Vortrag, gehalten vor der *American Heart Association, Scientific Sessions.*

Abschnitt 6

Reis, V.A. & Zaidel, D.W. (2001). Brain and face: Communicating signals of health in the left and right sides of the face. *Brain and Cognition 46(1–2)*, 240–244.

Zaidel, D.W., Chen, A.C. & German, C. (1995). She is not a beauty even when she smiles: Possible evolutionary basis for a relationship between facial attractiveness and hemispheric specialization. *Neuropsychologia 33*, 649–655.

Abschnitt 7

Brown, S.L., Nesse, R.M., Vinokur, A.D. & Smith, D.M. (2003). Providing social support may be more beneficial than receiving it: Results from a prospective study of mortality. *Psychological Science 14(4)*, 320–327.

Dunn, E.W., Aknin, L.B. & Norton, M.I. (2008). Spending money on others promote happiness. *Science 319*, 1687–1688.

Taylor, S.E. (2003). *The Tending Instinct*. Times Books, New York.

Abschnitt 8

Shmueli, D., Prochaska, J. & Glantz, S.A. (2010). Effect of smoking scenes in films on immediate smoking. *American Journal of Preventive Medicine 38(4)*, 351–358.

Abschnitt 9

Penko, A.L. & Barkley, J.E. (2010). Motivation and physiologic responses of playing a physically interactive video game relative to a sedentary alternative in children. *Annals of Behavioral Medicine 39*, 162–169.

Abschnitt 10

Devaux, M., Jusot, F., Trannoy, A. & Tubeuf, S. (2007). Inégalités des chances en santé : influence de la profession et de l'état de santé des parents. *Bulletin d'information en économie de la santé 118*, 1–6.

Hyde, M., Jakub, H., Melchior, M., van Oort, F. & Weyers, S. (2006). Comparison of the effects of low childhood socioeconomic position and low adulthood socioeconomic position on selfrated health in four European studies. *Journal of Epidemiology Community Health 60*, 882–886.

Menahem, G. (2004). Inégalités sociales de santé et problèmes vécus lors de l'enfance. *La Revue du praticien 54(20)*, 2255–2262.

OMS (2002). *Summary Measures of Population Health: Concepts, Ethics, Measurement and Applications.* Murray und OMS, Genf.

Abschnitt 11

Despres, C., Guillaume, S. & Couralet, P.E. (2009). *Le Refus de soins à l'égard des bénéficiaires de la couverture médicale universelle complémentaire à Paris.* IRDES, Institut de recherche et de documentation en économie de la santé.

Morin, M. & Moatti, J.P. (2000). Enquête sur les préjugés et les processus de stigmatisation: l'exemple du Sida, in: Petrillo, G. (Hrsg). *Santé et Société.*, Delachaux et Niestlé, Lausanne, S. 189–218.

Morin, M., Souville, M. & Obadia, A.K. (1996). Attitudes, représentations et pratiques de médecins généralistes confrontés à des patients infectés par le VIH. *Les Cahiers internationaux de psychologie sociale 29*, 9–28.

Souville, M. (2002). Le savoir et le risque: appropriation et adaptation des connaissances en médecine générale. *Sociétés 77*, 21–36.

Abschnitt 12

Wharton, C.M., Adams, T. & Hampl, J.S. (2008). Weight loss practices and body weight perceptions among US college students. *Journal of American College Health 56(5),* 579–584.

Abschnitt 13

Fobes, G.B., Jobe, R.L. & Richardson, R.M. (2006). Associations between having a boyfriend and the body satisfaction and self-festeem of college women: An extension of the Lin and Kulik hypothesis. *The Journal of Social Psychology 146(3),* 381–384.

Lin, L.F. & Kulik, J.A. (2002). Social comparisons and women's body satisfaction. *Basic and Applied Social Psychology 24*, 15–123.

Abschnitt 14

Markey, C. & Markey, P.M. (2006). Romantic relationships and body satisfaction among young women. *Journal of Youth and Adolescence 35(2)*, 271–279.

Abschnitt 15

Meltzer, A.L. & McNulty, J.K. (2010). Body image and marital satisfaction: Evidence for the mediating role of sexual frequency and sexual satisfaction. *Journal of Family Psychology 24(2)*, 156–164.

Abschnitt 16

Ronay, R. & von Hippel, W. (2010). The presence of an attractive woman elevates testosterone and physical risk taking in young men. *Social Psychological and Personality Science 1(1)*, 57–64.

Wilson. M. & Daly, M. (2004). Do pretty woman inspire men to discount the future? *Biology Letters 271*, 177–179.

Abschnitt 17

Brodie, D.A., Slade, P. & Rose, H. (1989). Rehability measures in disturbing body image. *Perceptual and Motors Skills 69*, 723–732.

Brown, T.A., Cash, T.F. & Mikulka, P.J. (1990). Attitudinal body image assessment: Factor analysis of the body self relations questionnaire. *Journal of Personality Assessment 55*, 135–144.

Collins, M.E. (1991). Body figure perceptions and preferences among preadolescent children. *International Journal of Eating Disorders 10*, 199–208.

Slade, P. & Russell, G.F.M. (1973). Awareness of body dimensions in anorexia nervosa: Cross-sectional and longitudinal studies. *Psychological Medicine 3*, 188–199.

Tylka, T.L. (2004). The relation between body dissatisfaction and eating disorder symptomatology: An analysis of moderating variables. *Journal of Counseling Psychology 51*, 314–328.

Abschnitt 18

Herman, P. & Mack, D. (1975). Restrained and unrestrained eating. *Journal of Personality 43*, 646–660.

Ogden, J. & Wardle, J. (1991). Cognitive and emotional responses to food. *International Journal of Eating Disorders 10*, 297–311.

Polivy, J. & Herman, C.P. (1999). Distress and eating: Why do dieters overeat? *International Journal of Eating Disorders 26(2)*, 153–164.

Ruderman, A.J. & Wilson, G.T. (1979). Weight, restraint, cognitions and counterregulation. *Behaviour Research and Therapy 17*, 581–590.

Wardle, J. & Beales, S. (1988) Control and loss of control over eating: An experimental investigation. *Journal of Abnormal Psychology 97*, 35–40.

Abschnitt 19

Broadstock, M., Borland, R. & Gason, R. (1992). Effects of suntan on judgements of healthiness and attractiveness by adolescents. *Journal of Applied Social Psychology 22(2)*, 157–172.

Abschnitt 20

Dore, J.F., Boceno, L. & Cesarini, L. (2006). *Les Comportements des Français au soleil.* INSERM (Institut national de la santé et de la recherche médicale).

Johnson, E.Y. & Lookingbill, D.P. (1984). Sunscreen use and sun exposure. *Archives of Dermatology 120,* 727–731.

Ligue européenne contre le cancer (2008). *Les Comportements des Européens face aux risques liés au soleil.*

Stoebner-Delbarre, J. (2005). Connaissances, attitudes et comportements des adultes vis-à-vis du soleil en France. *Annales de dermatologie et de vénérologie 132(8–9),* 652–657.

Abschnitt 21

Beauchemin, K.M., Hays, P. (1998). Dying in the dark : Sunshine, gender and outcomes in myocardial infarction. *Journal of The Royal Society of Medicine 91*, 352–354.

Walch, J.M., Rabin, B.S., Day, R., Williams, J.N., Choi, K. & Kang, J.D. (2005). The effect of sunlight on postoperative analgesic medication use: A prospective study of patients undergoing spinal surgery. *Psychosomatic Medicine 67*, 156–163.

Abschnitt 22

Fischer, G.N. & Dodeler, V. (2009). Psychologie de la santé et environnement. Dunod, Paris.

Kaplan, S. (1995). The restorative benefits of nature: Toward an integrative framework. *Journal of Environmental Psychology 15*, 169–182.

Park, S.H. & Mattson, R.H. (2009). Ornamental indoor plants in hospital rooms enhanced health outcomes of patients recovering from surgery. *The Journal of Alternative and Complementary Medicine 15(9)*, 975–980.

Ulrich, R.S. (1984). View through a window may influence recovery from surgery. *Science 224*, 420–421.

Ulrich, R.S., Lunden, O. & Eltinge, J.L. (1993). Effects of exposure to nature and abstract pictures on patients recovering from open heart surgery. *Psychophysiology 30(S1)*, 7.

Abschnitt 23

Stigsdotter, U.A. (2004). A garden at your workplace may reduce stress. In: Dilani A (Hrsg) Design and Health III, Health Promotion Through Environmental Design. International Academy for Design and Health, Stockholm, S. 147–157.

Abschnitt 24

Evans, G.W., Palsane, M.N., Lepore, S.J. & Martin, J. (1989). Residential density and psychological health: The mediating effects of social support. *Journal of Personality and Social Psychology 57(6)*, 994–999.

Evans, G.W., Saegert, S. & Harris, R. (2001). Residential density and psychological health among children in low-income families. *Environment and Behavior 33(2)*, 165–180.

Fischer, G.N. (1997). Psychologie de l'environnement social. Dunod, Paris.

Lepore, S.J., Evans, G.W. & Palsane, M.N. (1991). Social hassles and psychological health in the context of chronic crowding. *Journal of Health and Social Behavior 32*, 357–367.

Abschnitt 25

Hagerman, I., Rasmanis, G., Blomkvist, V., Ulrich, R., Eriksen, C.A. & Theorell, T. (2005). Influence of intensive coronary care acoustics on the quality of care and physiological state of patients. *International Journal of Cardiology 98*, 267–270.

Hu, R., Jiang, X., Zeng, Y., Chen, X. & Zhang, Y. (2010). Effects of earplugs and eye masks on nocturnal sleep, melatonin and cortisol in a simulated intensive care unit environment. *Critical Care 14(2)*, R66.

Rashid, M. & Zimring, C. (2008). A review of the empirical literature on the relationships between indoor environment and stress in health care and office settings. *Environment and Behavior 40(2)*, 151–190.

Schweitzer, M., Gilpin, L. & Frampton, S. (2004). Healing spaces: Elements of environmental design that make an impact on health. *The Journal of Alternative and Complementary Medicine 10(S1)*, s71–s8.

Simpson, T., Lee, E.R. & Cameron, C. (1996). Relationships among sleep dimensions and factors that impair sleep after cardiac surgery. *Research in Nursing and Health 19*, 213–223.

Ugras, G.A. & Oztekin, S.D. (2007). Patient perception of environmental and nursing factors contributing to sleep disturbances in a neurosurgical intensive care unit. *Tohoku Journal of Experimental Medicine 212*, 299–308.

Abschnitt 26

Beck, S.L. (1991). The therapeutic use of music for cancer-related pain. *Oncology Nursing Forum 18*, 1327–1337.

Good, M., Stanton-Hicks, M., Grass, J.A., Anderson, G.C., Choi, C. & Schoolmeesters, L.J. (1999). Relief of postoperative pain with jaw relaxation, music and their combination. *Pain 81*, 163–172.

McCaffery, M. (1992). Response to "Quantification of the effect of listening to music as a non-invasive method of pain control". *Scholarly Inquiry for Nursing Practice 6*, 59–62.

Melzack, R. (1993). Labour pain as a model of acute pain. *Pain 53(2)*, 117–120.

Mitchell, L.A. & McDonald, R.A.R. (2006). An experimental investigation of the effects of preferred and relaxing music on pain perception. *Journal of Music Therapy 63*, 295–316.

Mitchell, L.A., McDonald, R.A.R. & Knussen, C. (2008). An investigation of the effects of music and art on pain perception. *Psychology of Aesthetics, Creativity, and the Arts 2(3)*, 162–170.

Phumdoung, S., & Good, M. (2003). Music reduces sensation and distress of labor pain. *Pain Management Nursing 4(2)*, 54–61.

Ranta, P., Spalding, M., Kangas-Saarela, T., Jokela, R., Hollmen, A. & Jouppila, P. (1995). Maternal expectations and experiences of labour pain options of 1091 Finnish parturients. *Acta Obstetricia et Gynecologica Scandinavica 39*, 60–66.

Schorr, J.A. (1993). Music and pattern change in chronic pain. *Advances in Nursing Science 15*, 27–36.

Voss, J.A., Good, M., Yates, B., Baun, M.M., Thompson, A. & Hertzog, M. (2004). Sedative music reduces anxiety and pain during chair rest after open-heart surgery. *Pain 112*, 197–203.

Abschnitt 27

Stephens, R., Atkins, J. & Kingston A (2009) Swearing as response to pain. *NeuroReport 20*, 1056–1060.

Abschnitt 28

Gray, K. & Wegner, D.M. (2008) The sting of intentional pain. *Psychological Science 19(12),* 1260–1262.

Abschnitt 29

Osborn, J. & Derbyshire, S.W.G. (2010). Pain sensation evoked by observing injury in others. *Pain 148*, 268–274.

Abschnitt 30

Finnis, D.G., Kaptchuk, T.J., Miller, F. & Benedetti, F. (2010). Biological, clinical, and ethical advances of placebo effects. *The Lancet 375*, 686–695.

Montgomery, G. & Kirsch, I. (1996). Mechanisms of placebo pain reduction : An empirical investigation. *Psychological Science 7(3),* 174–176.

Moseley, J.B., O'Malley, K., Petersen, N.J., Menke, T.J. et al. (2002). A controlled trial of arthroscopic surgery for osteoarthritis of the knee. *The New England Journal of Medicine 347(2),* 81–88.

Petrovic, P., Kalso, E., Peterson, K.M. & Ingvar, M. (2002). Placebo and opioid analgesia – Imaging a shared neuronal network. *Science 295*, 1737–1740.

Wager, T.D., Rilling, J.K., Smith, E.E., Sokolik, A., Casey, K.L., Davidson, R.J., Kosslyn, S., Rose, R.M. & Cohen, J.D. (2004). Placebo-induced changes in fMRI in the anticipation and experience of pain. *Science 303*, 1162–1167.

Abschnitt 31

Branthwaite, A. & Cooper, P. (1981). Analgesic effects of branding in treatment of headaches. *British Medical Journal 282,* 1576–1578.

Abschnitt 32

Rao, A.R. & Monroe, K.B. (1989). The effect of price, brand name, and store name on buyers' perceptions of product quality: An integrative review. *Journal of Marketing Research 26(3),* 351–357.

Waber, R.L., Shiv, B., Carmon, Z. et al. (2008). Commercial features of placebo and therapeutic efficacy. *Journal of the American Medical Association 299(9),* 1016–1017.

Woodside, A.G. (1974). Relation of price to perception of quality of new products. *Journal of Applied Psychology 59(1),* 116–118.

Abschnitt 33

Blackwell, B., Bloomfield, S.S. & Buncher, C.R. (1972). Demonstration to medical students of placebo responses and non-drug factors. *The Lancet 299(7763),* 1279–1282.

De Craen, A.J., Roos, P.J., De Vries, L.A. & Kleijnen, J. (1996). Effect of colour of drugs: Systematic review of perceived effect of drugs and of their effectiveness. *British Medical Journal 313(7072),* 1624–1626.

Huskisson, E.C. (1974). Simple analgesics for arthritis. *British Medical Journal 4(5938),* 196–200.

Lucchelli, P.E., Cattaneo, A.D. & Zattoni, J. (1978). Effect of capsule colour and order of administration of hypnotic treatments. *European Journal of Clinical Pharmacology 13,* 153–155.

Abschnitt 34

Hussain, M.Z. & Ahad, A. (1970). Tablet colour in anxiety states. *British Medical Journal 3(5720),* 466.

Koteles, F., Fodor, D., Cziboly, A. & Bardos, G. (2009). Expectations of drug effects based on colours and sizes: The importance of learning. *Clinical and Experimental Medical Journal 3(1),* 99–107.

Abschnitt 35

Colloca, L. & Benedetti, F. (2009). Placebo analgesia induced by social observational learning. *Pain 144(1–2),* 28–34.

Colloca, l.L., Sigaudo, M. & Benedetti, F. (2008). The role of learning in nocebo and placebo effects. *Pain 136(1–2),* 211–218.

Abschnitt 36

Fischer, G.N. (1994). L'illusion de notre invulnérabilité, in: Fischer, G.N. Le Ressort invisible – vivre l'extrême. Le Seuil, Paris, S. 229–237.

Hoppe, R. & Ogden, J. (1996). The effect of selectively reviewing behavioural risk factors on HIV risk perception. *Psychology and Health 11,* 757–764.

Milhabet, I., Desrichard, O. & Verlhiac, J.F. (2002). Comparaison sociale et perception des risques: l'optimisme comparatif, in: Beauvois, J.L., Joule, R.V. & Monteil, M. (Hrsg). Perspectives cognitives et conduites sociales. Presses universitaires de Rennes, Rennes, 215–245.

Perloff, L.S. (1987). Social comparison and illusions of invulnerability to negative life events, in: Snyder, C.R. & Ford, C. (Hrsg).

Coping with Negative Life Events: Clinical and Social Psychological Perspectives on Negative Life Events. Plenum Press, New York, S. 217–242.

Taylor, S.E. & Brown, J.D. (1988). Illusion and well-being: A social psychological perspective on mental health. *Psychological Bulletin 103*, 193–210.

Taylor, S.E. (1989). Positive Illusions: Creative Self-Deception and the Healthy Mind. Basic Books, New York.

Weinstein, N.D. (1980). Unrealistic optimism about future life events. *Journal of Personality and Social Psychology 39*, 906–920.

Abschnitt 37

Spitzenstetter, F. (2006). Optimisme comparatif dans le milieu professionnel: l'influence de la fréquence et de la gravité sur la perception des risques d'accident du travail. *Psychologie du travail et des organisations 12*, 279–289.

Abschnitt 38

Batty, G.D., Deary, I.J., Benzeval, M. & Der, G. (2010). Does IQ predict cardiovascular disease mortality as strongly as established risk factors ? Comparison effect estimates using the West Scotland Twenty-07 cohort study. *European Journal of Cardiovacular Prevention and Rehabitlitation 17(1)*, 24–27.

Lawlor, D.A., Batty, G.D., Clark, H., McIntyre, S. & Leon, D.A. (2008). Association of childhood intelligence with risk of coronary heart disease and stroke: Findings from the Aberdeen children of the 1950 s cohort study. *European Journal of Epidemiology 23*, 695–706.

Abschnitt 39

Flannelly, G., Anderson, D., Kitchener, H.C. (1994). Management of women with mild and moderate cervical dyskaryosis. *British Medical Journal 308*, 1399–1403.

Michie, S., Smith, J.A., Senior, V. & Marteau, T.M. (2003). Understanding why negative genetic tests results sometimes fail to reassure. *American Journal of Medical Genetics 119(A), 340–347*.

Palmer, A.G., Tucker, S., Warren, R. & Adams, M. (1993). Understanding women's responses for cervical ultra-epithalial neoplasia. *British Journal of Clinical Psychology 32*, 101–112.

Abschnitt 40

Beliveau, R. & Gingras, D. (2005). Les Aliments contre le cancer. Outremont, Trécarré.

Gingras, D., Gendron, M., Boivin, D., Moghrabi, A., Théôret, Y., & Beliveau, R. (2004). Induction of medulloblastoma cell apoptosis by sulfo-raphane, a dietary anticarcinogen from Brassica vegetables. *Cancer Letters 203(1), 35–43*.

World Cancer Research Fund – American Institute For Cancer Research (2007). Food, Nutrition, Physical Activity and the Prevention of Cancer : A Global Perspective. AICR, Washington DC.

Abschnitt 41

Ancelle-Park, R. (2003), Dépistage organisé du cancer du sein. *Bulletin d'épidémiologie hebdomadaire 4*, 13–28.

Borrayo, E., Buki, L. & Feigal, B. (2005). Breast cancer detection among older Latinos: Is it worth the risk ? *Qualitative Health Research 15(9), 1244–1263*.

Borrayo, E. & Jenkins, S. (2001). Feeling indecent: Breast cancer screening resistance of Mexican-descent woman. *Journal of Health Psychology 6(5)*, 537–549.

Murray, M. & McMillan, C. (1993). Health beliefs, locus of control, emotional behavior. *British Journal of Clinical Psychology 32*, 87–100.

Abschnitt 42

Grossarth-Maticek, R. & Eysenck, H.J. (1990). Personality, stress, and disease: Description and validation of a new inventory. *Psychological Reports 66*, 355–373.

Grossarth-Maticek, R. Eysenck, H.J. & Vetter, H. (1988) Personality type, smoking habit and their interactions as predictors of cancer and coronary heart disease. *Personality and Individual Differences 9*, 479–195.

Kune, G.A., Kune, S., Watson, L.F. & Bahnson, C.B. (1991). Personality as a risk factor in large bowel cancer: Data from the Melbourne Colorectal Cancer Study. *Psychological Medicine 21*, 29–41.

McKenna, M.C., Zevon, M.A., Corn, B. & Rounds, J. (1999) Psychosocial factors and the development of breast cancer: A meta-analysis. *Health Psychology 18*, 520–531.

Todarello, O., La Pesa, M.W., Zaka, S., Martino, W. & Latranzio, E. (1989). Alexythymia and breast cancer: Survey of 200 women undergoing mammography. *Psychotherapy and Psychosomatics 51*, 51–55.

Abschnitt 43

Herbert, T.B. & Cohen, S. (1993). Stress and immunity in humans: A meta-analytic review. *Psychosomatic Medicine 55(4)*, 364–379.

Kiecolt-Glaser, J.K., Bane, C., Glaser, R. & Malarkey, W.B. (2003). Love, marriage, and divorce: Newlyweds' stress hormones foreshadow relationship changes. *Journal of Consulting and Clinical Psychology 71*, 176–188.

Kiecolt-Glaser, J.K., Fischer, L.D. & Ogrocki, P. (1987). Marital quality, marital disruption, and immune function. *Psychosomatic Medicine 49(1),* 13–34.

Segerstrom, S.C. & Miller, G.E. (2004). Psychological stress and the human immune system: A meta-analytic study of 30 years inquiry. *Psychological Bulletin 130(4),* 601–630.

Abschnitt 44

Holmes, T.H. & Rahe, R.H. (1967). The social readjustement rating scale. *Journal of Psychosomatic Research 11*, 213–218.

Johnston, D.W. (2002). Acute and chronic psychological processes in cardiovascular disease. In: Schaie KW, Leventhal H, Willis SL (Hrsg) Effective Health Behavior in Older Adults. Springer, New York, S. 55–64.

Leshan, L. (1959). Psychosocial states as factors in the development of malignant diseases: A critical review. *Journal of National Cancer Institute 22*, 1–18.

McKenna, M.C., Zevon, M.A., Corn, B. & Rounds, J. (1999). Psychosocial factors and the development of breast cancer: A meta-analysis. *Health Psychology 18(5),* 520–531.

Rahe, R.H. (1988). Recent life changes and coronary heart disease: 10 year's research. In: Fisher S, Reason J (Hrsg) Handbook of Life Stress: Cognition and Research. John Wiley and Sons, Chichester, S. 317–333.

Rahe, R.H., Mahon, J.L. & Arthur, J. (1970). Prediction of near future health change from subjects preceding life change. *Journal of Psychosomatic Research 14*, 401–406.

Abschnitt 45

Barefoot, J.C. (1992). Developments in the measurement of hostility. In: Friedman HS (Hrsg) Hostility, Coping, and Health. American Psychological Association, Washington DC, S. 13–31.

Friedman, M. & Rosenman, R.H. (1974). Type A Behavior and Your Heart. Knopf, New York.

Friedman, M. & Rosenman, R.H. (1959). Associations of a specific overt behavior pattern with blood and cardiovascular findings. *Journal of American Medical Association 169*, 1286–1296.

Glass, D.C. (1977). Stress and Coronary Prone Behavior. Lawrence Erlbaum Associates, New York.

Hecker, M.H., Chesney, M.A., Black, G.W. & Frauschi, N. (1988). Coronary prone behaviors in the western collaborative group study. *Psychosomatic Medicine 50*, 153–164.

Matthews, K.A., Glass, D.C., Rosenman, R.H., & Bortner, R. (1977). Competitive drive, pattern A, and coronary heart disease: A further analysis of some data from the Western Collaborative Group Study. *Journal of Chronic Disease 30*, 89–498.

Williams, R. (1993). Anger Kills. Times Books, New York.

Abschnitt 46

Thomas, K.B. (1987). General practice consultations: Is there any point in being positive? *British Medical Journal 294(6581),* 1200–1202.

Abschnitt 47

Ankri, J., Le Disert, D. & Henrard, J.C. (1995). Comportements individuels face aux médicaments: de l'observance thérapeutique à l'expérience de la maladie – analyse de la littérature. *Santé publique 4,* 427–441.

Bauman, J. (2000). A patient-centered approach to adherence: Risk for nonadherence. In: Drotar D (Hrsg) Promoting Adherence to Medical Treatment in Chronic Childhod Illness. Lawrence Erlbaum, New York, S. 71–93.

Gallagher, E.J., Viscoli, C.M. & Horwitz, R.I. (1993). The relationship of treatment adherence to the risk of death after myocardial infarction in women. *Journal of the American Medical Association 270*, 742–744.

Horwitz, R.I. & Horwitz, S.M. (1993). Adherence to treatment and health outcomes. *Archives of International Medicine 153*, 1863–1868.

Horwitz, R.I., Viscoli, C.M. & Berkman, L. (1990). Treatment adherence and risk of death after a myocardial infarction. *The Lancet 336(8714),* 542–545.

Morin, M. (2001). L'observance aux traitements contre le VIH/Sida – mesure, déterminants, évolution, in: Morin, M. L'Observance aux traitements contre le VIH/Sida. ANRS, collection «Sciences sociales et Sida», Paris, S. 11–23.

Spire, B., Duran, S., Souville, M., Leport, C., Raffi, F. & Moatti, J.P. (2002). Adherence to highly active antiretroviral therapies HAART in HIV infected patients: From a productive to a dynamic approach. *Social Science Medicine 54(10),* 1481–1496.

The Coronary Drug Project Group. (1970). The coronary drug project: Initial findings leading to modification of its research protocol. *Journal of the American Medical Association 214*, 1303–1313.

Abschnitt 48

Bruchon-Schweitzer, M.L. & Quintard, B. (2001). *Personnalité et maladie.* Dunod, Paris.

Burrel, G. (1996). Group psychotherapy in project new life: Treatment of coronary prone behaviors for patients who have had coronary artery bypass graft surgery, in: Allan, R. & Scheidt, S. (Hrsg) Heart and Mind. The Practice of Cardiac Psychology. American Psychological Association, Washington DC, S. 231–310.

Friedman, M., Thorensen, C.E., Gill, J.J., Ulmer, D., Powell, L.H., Price, V.A., Breall, W.S. et al. (1986). Alteration of type A behavior and its effect upon cardiac recurrences in postmyocardial infarction patients: Summary results of the recurrent coronary prevention project. *American Heart Journal 112*, 653–665.

Van Dixhoorn, J. & White, A. (2005). Relaxation therapy for rehabilitation and prevention in ischaemic heart disease: A systematic review and meta-analysis. *European Journal of Cardiovascular Prevention and Rehabilitation 12(3),* 193–202.

Van Dixhoorn, J., Deloos, J. & Duivenvoorden, H.J. (1983). Contribution of relaxation technique training to the rehabilitation of myocardial infarction patients. *Psychotherapy and Psychosomatics 40*, 137–147.

Abschnitt 49

Bredart, M., Dolbeault, S., Savignoni, A., Besancenet, C., This, P., Grami, A., Michaels, S., Flahaut, C., Falcon, M.C., Asselain, B. & Copet, L. (2008). Intimité et sexualité après un cancer du sein non métastatique. Institut Curie, Paris.

Dany, L., Apostolidis, T., Cannone, P., Suarez-Diaz, E. & Filipetto, F. (2009). Image corporelle et cancer: une analyse psychosociale. *Psychooncologie 3(2),* 101–117.

Maguire, G.P., Lee, E.G., Bevington, D.J., Küchemann, C.S., Crabtree, R.J. & Cornell, C.E. (1978). Psychiatric problems in the first year after mastectomy. *British Medical Journal 1(6118),* 963–965.

Abschnitt 50

Hamama-Raz, Y., Solomon, Z., Schachter, J. & Azizi, E. (2007). Objective and subjective stressors and the psychological adjustment of melanoma survivors. *Psychooncology 16*, 287–294.

Kessler, T.A. (1998). The cognitive appraisal of health care: Development and psychometric evaluation. *Research in Nursing and Health 21*, 73–82.

Manuel, J.C., Burwell, S.R., Crawford, S.L., Lawrence, R.H., Farmer, D.F., Hee, A., Kinberly, P. & Avis, N.E. (2007). Younger women's perceptions of coping with breast cancer. *Cancer Nursing 30(2)*, 85–94.

Schnoll, R.A., Knowles, J.C. & Harlow, L. (2002). Correlation of adjustment among cancer survivors. *Journal of Psychosocial Oncology 20(1)*, 37–59.

Veit, C.T. & Ware, J.E. (1983). The structure of psychological distress and well-being in general population. *Journal of Consulting and Clinical Psychology 51*, 730–742.

Abschnitt 51

Fawzy, I.F., Kemmeny, M.E., Fawzy, N.W., Hyun, C.S., Elashoff, R., Guthrie, D., Fahey, J.C. & Morton, D.L. (1993). Effects of an early structured psychiatric intervention, coping, and affective state on recurrence and survival 6 years later. *Archives of General Psychiatry 50*, 681–689.

Goodwin, P.J., Leszcz, M., Ennis, M., Koopmans, J., Vincent, L. et al. (2001). The effect of group psychosocial support on survival in meta-static breast cancer. *The New England Journal of Medicine 345*, 1767–1768.

Greer, S., Moorey, S. & Baruch, J.D.R. (1992). Adjuvant psychological therapy for patients with cancer: A prospective randomised trial. *British Medical Journal 304*, 675–680.

Spiegel, D. & Classen, C. (1999). Group Therapy for Cancer Patients: A Research Based Handbook of Psychosocial Care. Basic Behavioral Sciences, New York.

Spiegel, D., Kraemer, H.C., Bloom, J. & Gottheil, E. (1989). Effect of psychosocial treatment on survival of patients with metastatic cancer. *The Lancet 334(8668),* 888–891.

Abschnitt 52

Brown, J.L., Sheffield, D., Leary, M.R. & Robinson, M.E. (2003). Social support and experimental pain. *Psychosomatic Medicine 65*, 276–283.

Abschnitt 53

Bertera, E.M. (2005). The role of positive social support and social negativity in personal relationship. *Journal of Social and Personal Relationships 22(1),* 33–48.

Cramer, V., Torgersen, S. & Kringlen, E. (2005). Quality of life and anxiety disorders: A population study. *Journal of Nervous and Mental Disorder. 193(3),* 196–202.

Schwarzer, R., Jerusalem, M. & Hahn, A. (1994). Unemployment, social support, and health complaints: A longitudinal study of stress in East Germany refugees. *Journal of Community and Applied Social Psychology 55*, 5–14.

St-Jean-Trudel, E., Guay, S. & Marchand, A. (2009) Les relations entre le soutien social, le bien-être et la détresse psychologique chez les hommes et les femmes avec un trouble anxieux: résultats d'une enquête nationale. *Canadian Journal of Public Health 100(2),* 148–152.

Abschnitt 54

Horowitz, L.M., Krasnoperova, E.N., Tatar, D.G., Hansen, M.B., Person, E.A., Galvin, K.L. & Nelson, K.L. (2001). The way to console may depend on the goal: Experimental studies of social support. *Journal of Experimental Psychology 37*, 49–61.

Ingram, K.M., Betz, N.E., Mindes, E.J., Schmitt, M.M. & Smith, N.G. (2001). Unsupportive responses from others concerning a stressful life event: Development of the unsupportive social interactions inventory. *Journal of Social and Clinical Psychology 20*, 173–207.

Rimé, B. (2005). L'expression des expériences émotionnelles négatives. In : Rimé B, Le Partage social des émotions. PUF, Paris,S. 179–200.

Wortman, C. & Lehman, D. (1985). Reactions to victims of life crises: Support attempts that fail, in: Sarason, I.G. & Sarason, B.R. (Hrsg). Social Support : Theory, Research, and Applications. Martinus Nijhoff, Dordrecht, S. 463–489.

Abschnitt 55

Master, S.L., Eisenberger, N.I., Taylor, S.E., Naliboff, B.D., Shirinyan, D. & Lieberman, M.D. (2009). A picture's worth: Partner photographs reduce experimentally induced pain. *Psychological Science 20(11)*, 1316–1318.

Abschnitt 56

Friedmann, E. & Thomas, S.A. (1995). Pet ownership, social support, and one-year survival after acute myocardial infarction in the cardiac arrhythmia suppresion trial (CAST). *The American Journal of Cardiology 76*, 1213–1217.

Serpell, J. (1991). Beneficial effects of pet ownership on some aspects of human health and behavior. *Journal of the Royal Society of Medicine 84*, 717–720.

Abschnitt 57

Zhong, C. & Leonardelli, G.J. (2008). Cold and lonely: Does social exclusion literally feel cold? *Psychological Science 19(9)*, 838–842.

Abschnitt 58

Cacioppo, J.T., Hughes, M.E., Waites, L.J., Hawkley, L.C. & Thisted, R.A. (2006). Loneliness as a specific risk factor for depressive symptoms: Cross-sectional and longitudianl analyses. *Psychology and Aging 21(1)*, 140–151.

Cole, S.W., Hawkley, L.C., Arevalo, J.M., Sung, C.Y., Rose, R.M. & Cacioppo, J.T. (2007). Social regulation of gene expression in human leukocytes. *Genome Biology 8(9)*, R189.

Wilson, R.S., Krueger, K.R., Arnold, S.E., Schneider, J.A., Kelly, J.F., Barnes, L.L., Tang, Y. & Bennet, D.A. (2007). Loneliness and risk of Alzheimer disease. *Archives of General Psychiatry 64*, 234–240.

Abschnitt 59

De Hennezel, M. (1995). Nous ne nous sommes pas dit au revoir. Robert Laffont, Paris.

De Hennezel, M. (2007) Mourir les yeux ouverts. Pocket, Paris.

Dosa, D. (2007). A day in the life of Oscar the cat. *The New England Journal of Medicine 357(4)*, 328–329.

Dosa, D. (2010) Oscar: Was uns ein Kater über das Leben und das Sterben lehrt. Droemer-Knaur, München.

Ferrand, E. (2008). Circumstances of death in hospitalized patients and nurses perception: French multicenter Mort-à-l'hôpital Survey. *Archives of Internal Medicine 168(8)*, 867–875.

Sachverzeichnis